デザイニング・マス

Designing Math.

数学とデザインをむすぶプログラミング入門

古堅真彦

BNN
Bug News Network

Contents 目次

ONE POINT

Designing Math.入門

Designing Math. 実践

Chapter 3
繰り返し

Chapter 4
互い違い

Chapter 5
三角関数

Chapter 6
色

Chapter 7
角度と距離

Chapter 8
一次変換

Chapter 9
左右判定

Chapter 10
三次元

Appendix

本書の構成

本書は、数学や数式を使ってプログラミングでデザインを考えます。各Chapterでは、数学的なテーマをもとに惹きのあるサンプルを提示し、その作り方を数式とデザインの両面から順を追って解説します。

各Chapterでのテーマと内容は以下のようになっています。

Chapter 1　**仕組み**
本書のサンプルを実行する際の基礎になるテンプレートプログラムについて解説する

Chapter 2　**基礎描画**
線の描き方、色の設定のしかたなど、数式以前の基本的な描画方法について解説する

Chapter 3　**繰り返し**
コンピュータやプログラミングが得意とする**繰り返し**をデザインに応用する

Chapter 4　**互い違い**
繰り返しを組み合わせてデザインに応用する

Chapter 5　**三角関数**
sin、cosなどの**三角関数**をデザインに応用する

Chapter 6　**色**
RGBやHSBなどの**色**を論理的に捉えてデザインに応用する

Chapter 7　**角度と距離**
点と点との**角度（方向）**や**距離**をデザインに応用する

Chapter 8　**一次変換**
とある点を中心にした**回転**をデザインに応用する

Chapter 9　**左右判定**
点が線の**左右のどちらにあるか**を判定することをデザインに応用する

Chapter 10　**三次元**
画面という二次元平面において**三次元立体**をデザインに応用する

また、それぞれの作品の解説の中で、プログラミング的な側面での工夫を述べています。
それぞれの作品は数学的な考え方で作られていますが、数学理論はそれほど難しいものではありません。*Chapter 5*の三角関数とその三角関数を使った箇所以外は基本的に+、−、×、÷の四則演算だけで理解できます。三角関数も高校1年生ぐらいまでに習うもので、本書ではその仕組みについて図を使って丁寧に解説しています。

なお、本書はJavaScriptのマニュアル本ではありません。本書内で必要なJavaScriptの文法についてはAppendix内に簡単な解説を設けていますが、詳しい文法については他の専門書をお読みください。

サンプルコードについて

各作品はDesigningMath-Baseというプログラミングのテンプレート上に書かれていて、一般のJavaScript、またJavaScript内のCanvas機能を使って画面上に描いていきます。
本書では学習の手助けをするために、テンプレートを含めた全てのサンプルコードは、以下のURLからダウンロードできます。

DesigningMathSamples
https://furukatics.com/dm/dl/

作業環境について

本書の解説は、MacOS、Windows上のHTML5が閲覧できるブラウザ（Safari、Chromeなど）の環境下でおこなっています。各Chapterのサンプルはできるだけ新しいバージョンのブラウザで閲覧してください。また、サンプルはiPhone、iPad、Androidなどの携帯端末上でも閲覧可能です。
各Chapterにおいて解説するソースコードファイルは一般的なテキストファイルです。閲覧、編集には一般的なテキストエディタ（Macなら Atomやmi、Windowsなら Visual Studio Codeなど）をお使いください。

ご注意

- 本書に記載されたURL、バージョン等は予告なく変更される場合があります。
- サンプルコードを実行した結果については、著者や出版社のいずれも一切の責任を負いかねます。ご自身の責任においてご利用ください。
- 本書に記載されている商品名、会社名等は、それぞれの帰属者の所有物です。

謝 辞

本書を執筆するにあたり、ビー・エヌ・エヌの村田純一さんには書籍全体での構成についていろいろなご意見をいただきました。それにより、本書の存在意義が大きく増したように思います。ありがとうございます。

また、表紙デザインは武蔵野美術大学視覚伝達デザイン学科の古堅ゼミを卒業して、現在はアーティストとして世界中で活躍しているチョーヒカルさんにお願いしました。筆者が後述する、考え方を共有するという概念を本書の場合にあてはめた見事な表紙イラストを描いていただきました。ありがとうございます。

また、書籍全体のデザインはIAMAS出身の教え子の松川祐子さんにお願いしました。十分な時間もない中でこちらの無理をいろいろ聞いていただきました。ありがとうございます。

そして、編集はチョーヒカルさんの同級生で古堅ゼミ出身のビー・エヌ・エヌの新人編集者である河野和史さんにお願いしました。執筆中は、毎週毎週の打ち合わせで、まさに考え方を共有することを地で行く作業を半年ほど密に続けました。そのおかげでとても良い書籍がデザインされたと思います。ありがとうございました。

最後に、このコロナ禍でほぼ家から出られず、ずっと家で執筆していた私を、執筆と家事の両面からサポートしてくれた妻弘子に感謝の意を表したいと思います。

2021年12月　古堅真彦

Chapter 0　はじめに

数学とデザイン

本書は、数学とデザインの関係性をプログラミングという手法を交えて考えたものです。

数学とデザインは、一般的に遠い分野のように思われがちです。数学は世の中の**理**を追求する**論理的**で**計算する**学問、デザインは**感**から美しいものを生み出す**直感**や**感性**を駆使する分野だと思われています。この**理**と**感**は相容れない、反対のものと考えられがちです。
大学の学部を考えてみても、数学は理学部や工学部のいわゆる**理科系**、デザインは美術大学や芸術大学のいわゆる**芸術系**として入口が違っています。
しかし、そもそも数学は例えば**幾何学**という分野があるように、世の中の**形**や**構造**を解き明かし、それを記述するためのものであり、デザインはその**形**や**構造**を使って世の中に機能を提供するものです。つまり、数学は世界観を記述するもの、デザインはその世界観を構築するものと考えられ、実はとても近いところにあるものだと思います。

もう1つ、数学とデザインの共通性を考えてみましょう。数学は**論理的**です。ではこの**論理的**とはいったい何なのでしょう？　筆者は論理的とは**他人と考え方を共有できる**ことだと思っています。反対に、論理的の反対語とされている**非論理的**とは**他人にはわかりにくい**ことだと思います。
つまり、数学は論理的なので**他人と考え方を共有**する学問です。数学は概念です。基本的には実物はありません。「りんごが3個とみかんが5個あります。全部で幾つでしょう？」とか、紙に鉛筆を使ってグラフという絵を描くこともあるので、実物があるように見えますが、あれは、便宜上のもので、頭の中の考え方を他人と共有するために表しただけのものです。そして、デザインも他人と考え方を共有します。製品を作るときには企画者やスポンサーなどと、どういったものを作るかという考えを共有し、出来上がった製品には、ユーザーにも使い方や便利さがわかるようにデザイナーの頭の中にある考え方をマニュアルや広告、また製品そのものに埋め込んで共有しなくてはいけません。こういった**考え方を共有する**というところに数学とデザインは共通性があり、また、デザイン分野に数学の特徴を埋め込めるのではないかと思っています。

筆者は学生時代、理学部で計算幾何学というプログラミングを使った幾何学の研究をし、社会人になってからはコンピュータやプログラミングを使ってデザインワークをしたり、芸術系大学で教えたりしてきました。折しも筆者が若きを過ごした1990年代はMacintoshがデザインワークのツールとして認知され始め、インターネットが普及し始め、デザインワークに本格的にコンピュータが導入され始めた頃です。それまでの**まっすぐな直線を描く**ことや**きれいに紙を切る**などといった**職人技**がコンピュータや機械に担保され始め、デザイナーは直感的なアイデアをコンピュータを使って論理的に作ることができるようになりだしました。
こういった状況下で筆者は理科系出身という自身の特性を使い、プログラミングでデザインすることを生業としていました。つまり、本来、近いところにあると考えている**数学**と**デザイン**の関係性を**プログラミング**という手法を使って、模索、研究、制作をしていました。

と書くと、一見、とても崇高な考えから普段の研究・制作活動を行なっていたような雰囲気を醸し出していますが実情はそんなことはありません。単にプログラミングが好きなので、自然の成り行きでそれを使ってデザインワークをしようとあまり意識せず活動していたら、周りから「不思議な方法で制作をしているね」と言われ、この方法はあまり一般的ではないのだということに気づきました。そこから**プログラミングでデザインしている**ということを意識して、制作をおこなうようになり、また当時の手作業や職人肌が重視されるデザイン現場の実情と、プログラミングや数学を使った論理的な制作方法の融合を考えるようになりました。

そして、こういった研究や活動は、コンピュータが登場したがゆえに発生し、成果がでることだと思っていましたが、いろいろな過去の作品や研究を調べてみると、この書籍のタイトルのベースにもなっているカール・ゲルストナーの『Designing Programmes（デザイニング・プログラム）』（永原康史監訳、ヤーン・フォルネル訳、ビー・エヌ・エヌ、2020年）や、ヨハネス・イッテンの『色彩論』（大智 浩訳、美術出版社、1971年）や、それと繋がるバウハウスにおけるさまざまな教育活動、日本でも勝井三雄の「ギョームパターン」をはじめとした作品や、他にもいろいろと実はコンピュータが登場するかなり前から論理的で数学的な、アルゴリズミックな思考での制作は手作業でも試みられていたことがわかりました。つまり、数学的な感性を駆使したデザインの研究や活動は、コンピュータの登場で発生したのではなく、単に顕在化しただけで、実はそれ以前から人間の本能的なところでは同じ思考がはたらいていたと考えられます。

Designing Math. とは

このような考えから普段のデザインワークや大学の授業で筆者は**論理的にデザインをする**ということを自身のオリジナリティとして念頭において活動するようになりました。
ただし、この**論理的**というのはネガティブに捉えられがちな**機械的**や**画一的**という意味ではもちろんありません。先にも書いたように、**論理的**というのは**他人と考え方を共有する**という考え方のもと、どのようにしたら、**美しい**や**おもしろい**という直感的な感覚や、**クリエイティブ**という有機的で記述しにくい概念を他人と共有できるのかを考えています。

先ほど紹介した、本書のタイトルのベースにもなっている書籍『Designing Programmes』ではこう述べられています。

> **――大切なのは、解決ではない。形態は順列、あるいは式に従った結果であり、その形をとらなければならなかったということなのだ。創造的な楽しみは、形のデザイン（イメージ：チューリップ）ではなく、式のデザイン（イメージ：チューリップの球根）にある。ゆえに創造の目的もそこにある。**
>
> （カール・ゲルストナー、『デザイニング・プログラム』、永原康史監訳、ヤーン・フォルネル翻訳、ビー・エヌ・エヌ、2020年）

また、別の箇所では、

> **――作品はたしかに制作者の意図によって創られるものだが、鑑賞者の共感によって生き続けるのだ。この事実を前提とするなら、鑑賞者をデザインのプロセスに参加させることができるだろう。**
>
> （同上）

とも述べられています。カール・ゲルストナーがこの本を執筆した1950～60年代はコンピュータもプログラミング言語も一般的ではない時代ですが、筆者なりの解釈で書くと**プログラミング的な発想や手法を使って創作をすると、制作者は鑑賞者と概念が共有できる**と述べています。
今の時代はパソコンがあり、プログラミングができるので、カール・ゲルストナーが紙面や机上で手作業により構築していた思想を、コンピュータ上で容易に再現することが可能です。つまり、カール・ゲルストナーがプログラムと呼んでいたものを現在の**プログラミング**で実現することが可能です。

筆者が普段から考えていたこと、また、『Designing Programmes』に書かれていることを総合すると、自身が普段から行なっている**プログラミング**という制作手法は**美しさやクリエイティブな感性を、他者と論理的に共有できる**環境だと気づきました。

また、筆者は、美術系大学でプログラミングを駆使したデザインをかれこれ20年ほど教えていて、1つ気がついたことがあります。それは、視覚的なデザインワークにおいては、頻繁に使われるある特定の数式や数学理論があるということです。先に書いた**美しい**や**クリエイティブ**な作品を作る際には円運動や立体表現、また、ベジェ曲線をはじめとする数式で描いた自由曲線もよく使われます。これらの、よく使われる数学理論を使ってデザインすると、先に書いたように、鑑賞者やユーザーに理解されやすい、つまり制作者と鑑賞者で考え方を共有しやすいのではないかと考えました。

そこでそれらのよく使われる、また共有されやすい数学理論を抽出し、それらを使って、できるだけ**美しく**、**おもしろい**惹きのあるサンプルを作り、その美しさやおもしろさをプログラミングのアルゴリズムを解説することで解きました。それが筆者の開設したサイト『Designing Math.』です。

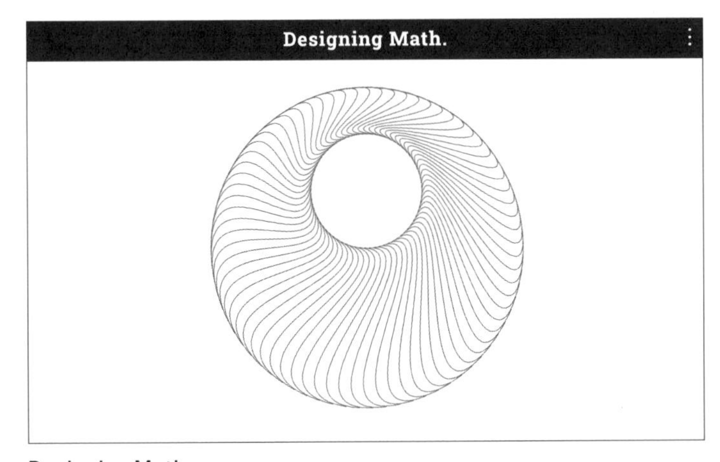

Designing Math.
http://visual-communication.design/designingMath/

Designing Math. には、**数学をデザインする**、**デザインする際に数学を使う**、また**デザインと数学**という複数の意味を込めています。先に書いたようにデザインと数学は**他者と考え方を共有する**という共通性を持っています。その共通性を使って、双方の理解を深め、制作の手法を深める。それがこのサイトの目的です。本書はこのサイトを基礎としながら再編集し、新たなサンプルを追加したものになります。

美しさやおもしろさは視覚的なものだけではありません。例えば、本書の *Chapter 9* では左右判定という数学上での公式を活用してサンプルを制作しています。とある点が線の左右のどちらにあるかという計算を、画面内の何百個の点に対して行なった結果、そこに統一的なルールが見え隠れして、そこにおもしろさが出るのではないかというサンプルです。このようにそれぞれのサンプルは一見複雑だけど、そこには何かルールが見える気がします。そのルールという**論理性**をプログラミングで記述し、考え方の共有を図っています。

Designing

Math.入門

本書を読みすすめていくために基本となるDesigningMath-Basaの仕組みや
基本的な描画について解説していきます。

Chapter **1** 　# 仕組み

1-1 DesigningMath-Base

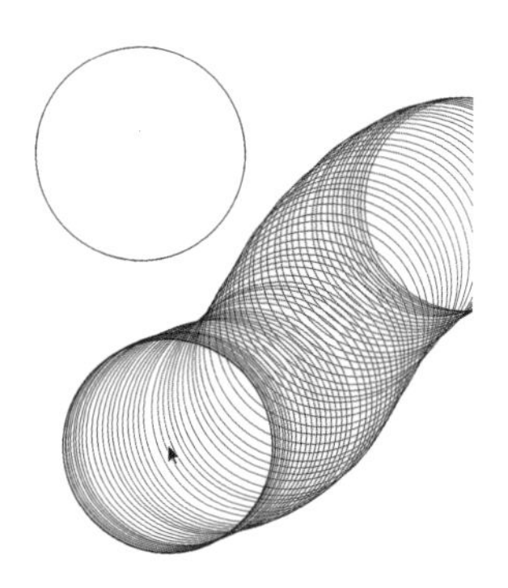

Sample 1-1 Motion sample ► https://furukatics.com/dm/s/ch1-1/

Designing Math. は**数式で描く**ことをより簡単にするために **DesigningMath-Base** というプログラミングのテンプレートを活用しています。
このテンプレートはサンプルコードをまとめた「DesigningMathSamples」の中にあります。

DesigningMathSamples
https://furukatics.com/dm/dl/

ちなみに「ch1_1」フォルダは「DesigningMath-Base」とフォルダ名が異なるだけで内容は同じで

すが、今回はわかりやすいようにChapterごとにサンプルコードを用意しています。

「DesigningMath-Base」フォルダの中には、4つのファイルとフォルダがあります。

DesigningMath-Baseフォルダ

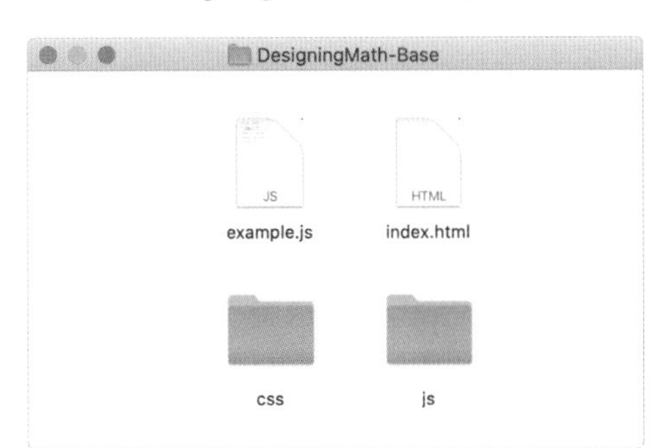

「index.html」ファイルを一般のウェブブラウザで開くと、***Sample 1-1***のようにまず中央に○が描かれ、指やマウスで触ると、その場所にも○が描かれます。

「example.js」ファイルを一般のテキストエディタで開くと次のソースコードが記述されています。Designing Math. では、この「example.js」ファイルに数式で描くことを記述します。
最初のこのソースコードでは**常時実行される**loopという箇所に**指を中心とした円を描く**と記述されています。

// ソースコード //

ch1_1

```
 1: function setup(){ //最初に実行される
 2:
 3: }
 4:
 5: function loop(){   //常時実行される
 6:   ctx.beginPath();
 7:   ctx.arc(curYubiX, curYubiY, 200, 0, Math.PI*2);
 8:   ctx.stroke();
 9: }
10:
11: function touchStart(){   //タッチ（マウスダウン）されたら
12:
```

```
13: }
14:
15: function touchMove(){  //指が動いたら（マウスが動いたら）
16:
17: }
18:
19: function touchEnd(){   //指が離されたら（マウスアップ）
20:
21: }
```


「example.js」の内部の詳細は次の ***Sample 1-2*** で解説しますが、プログラミングの下準備としての複雑な部分は「index.html」や「js」フォルダや「css」フォルダ内に書かれているので、みなさんは数式で描くことをこの「example.js」に書いていくだけです。この「example.js」にいろいろと書いていき、都合のよいタイミングで、ブラウザで「index.html」を再読み込みすることで、「example.js」に書き込んだことを確認できます。

この「example.js」ファイルの構造はいたってシンプルなものです。文法は JavaScript です。そして、描画は JavaScript の Canvas を使っています。よって、DesigningMath-Base を使ってプログラミングしたものは比較的簡単に一般の JavaScript に移植できます。► **One Point—DesigningMath-Base 独自の変数 p. 019**

1-2 example.js の中身

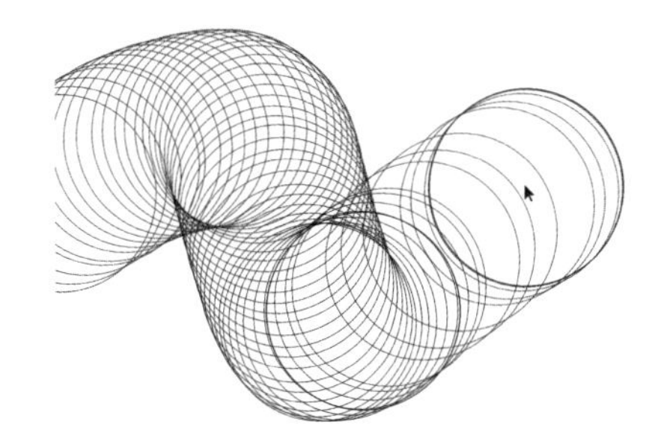

Sample 1-2 Motion sample ► https://furukatics.com/dm/s/ch1-2/

DesigningMath-Base では、基本的に「example.js」で全てをおこないます。

// ソースコード //

ch1_2

```
 1: ❶最初に一度実行される
 2: function setup(){ //最初に実行される
 3:
 4: }
 5: ❷setup 実行後に常時繰り返して実行される
 6: function loop(){   //常時実行される
 7:   ctx.beginPath();
 8:   ctx.arc(curYubiX, curYubiY, 200, 0, Math.PI*2);
 9:   ctx.stroke();
10: }
```

```
11: ❸タッチ（マウスダウン）で一度実行される
12: function touchStart(){   //タッチ（マウスダウン）されたら
13:
14: }
15: ❹指（マウス）が動くたびに実行される
16: function touchMove(){ //指が動いたら（マウスが動いたら）
17:
18: }
19: ❺指が離れる（マウスアップ）で一度実行される
20: function touchEnd(){   //指が離されたら（マウスアップ）
21:
22: }
```

❶ まず最初に setup 内（setup 後の{}内）に書かれたものが「一度」実行されます
❷ そして通常時は loop 内に書かれたものが「繰り返して」実行され続け
❸ 画面がタッチ（もしくはマウスダウン）されると touchStart が「一度だけ」実行され
❹ 指でなぞられている（もしくはマウスが動いている）間は touchMove が「実行され続け」
❺ 指が離れる（もしくはマウスアップ）と touchEnd が「一度だけ」実行されます

DesigningMath-Base をダウンロードした段階の上のソースコードでは、前述の通り、常時繰り返される loop 内で指の位置 (curYubiX, curYubiY) に○を描けと書かれているので、指の位置に無限に○が描かれ続けます。（指の位置 (curYubiX, curYubiY) に○を描く方法は *Sample 2-7* で解説します）

例えば、次のソースコードのように、この loop 内のテキストを touchStart 内に移動すれば、タッチされた瞬間に指の位置 (curYubiX, curYubiY) に○を描きます。

```
function loop(){         //常時実行される

}

function touchStart(){  //タッチ（マウスダウン）されたら
  ctx.beginPath();
  ctx.arc(curYubiX, curYubiY, 200, 0, Math.PI*2);
  ctx.stroke();
}
```

まれに、「example.js」の内容を書き換えて、「index.html」を再読み込みしても書き換えが反映されないことがあります。これはブラウザのキャッシュが原因になっていることが多いので、そういう時はブラウザの［キャッシュをクリア］や［閲覧履歴を消去］などをおこなってから再読み込みをしてみてください。

ONE POINT

DesiginingMath-Base独自の変数

DesigningMath-BaseはJavaScript上で実行される環境です。そのため、example.jsでは変数の宣言のしかたや`if`文や`for`文などのJavaScriptの文法や、`beginPath`や`arc`といったCanvasでの書式が成り立ち、実行されます。しかし、DesigningMath-Baseでは簡便にプログラミングができるように、DesigningMath-Base独自の変数が実装されています。ここで、それらをまとめて書いておきます。
これらは、DesigningMath-Base独自のものなので、一般的なJavaScriptの中で記述しても動作しません。また「example.js」内の関数、`setup`、`loop`、`touchStart`、`touchMove`、`touchEnd`に関してもDesigningMath-Base独自のもので、一般的なJavaScript内には実装されていません。

`screenWidth`
画面（描画エリア）の横幅、初期値は1280

`screenHeight`
画面（描画エリア）の高さ、初期値は1600

`curYubiX`
指（マウス）の横位置

`curYubiY`
指（マウス）の縦位置

`yubiTouched`
指（マウス）がタッチされて（おされて）いるか、Boolean値(`true`か`false`)

`ctx`
描く下地、ベース

Chapter 2　基礎描画

2-1　直線を描く

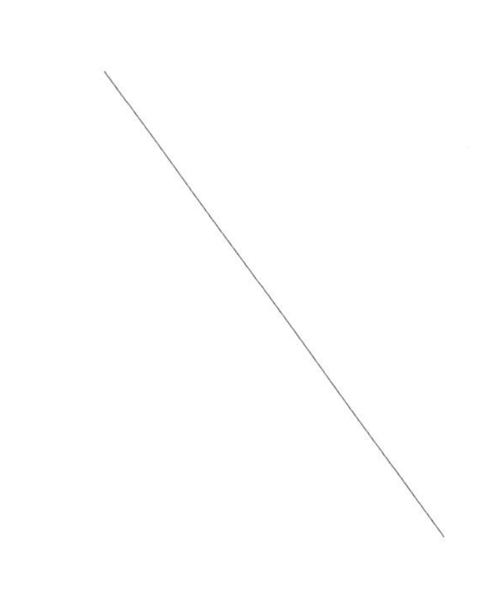

Sample 2-1

それでは早速、直線を描きましょう。
これからの解説を通して、下記のソースコードでは変更を加えた箇所を抜き出しています。全文を確認したい場合は、ソースコードの右上に記載してあるサンプルコードをご確認ください。
また、解説する際に活用するソースコード内の番号❶〜❾は、解説の都合上、前後したり複数あったりする場合があります。しかし、解説は番号通りにおこないます。

// ソースコード //

ch 2_1

```
1:  function setup(){ //最初に実行される
2:  ❸描画を始める宣言
3:    ctx.beginPath();
```

```
 4:  ❶ ペンの位置を (200, 100) に移動
 5:    ctx.moveTo(200, 100);
 6:  ❷ ペンの現在の位置 (200, 100) から (800, 900) まで線を描画
 7:    ctx.lineTo(800, 900);
 8:  ❸ ペンが移動した軌跡に線を描画
 9:    ctx.stroke();
10: }
```

描くための作法として、DesigningMath-Baseでは`ctx`という変数をよく使います。これは描くベースになる**画用紙の**と訳したところでしょうか。基本的には描画の何かをする前に`ctx.`を書きます。

❶ ペンの位置を(200, 100)に移動　❷ ペンの現在の位置(200, 100)から(800, 900)まで線を描画
直線は`moveTo`と`lineTo`の組み合わせで描きます。`moveTo`は**ペンを指定の場所まで移動する**、`lineTo`は**今のペンの位置から指定の場所まで直線を描く**です。

5行目で`ctx.moveTo(200, 100);`と書かれています。これで、ペンの位置を画面の左上から考えて、左から200、上から100の位置に移動しました。まだ、線は描かれていません。7行目の`ctx.lineTo(800, 900);`で、今ペンがある位置(200, 100)から指定されている(800, 900)まで直線が描かれます。このとき(200, 100)から右に800、下に900移動して(1000, 1000)まで線が引かれるのではなく、(800, 900)という絶対位置まで直線が描かれるので注意しましょう。

ちなみに、DesigningMath-Baseでは`ctx`の大きさが最初は横1280、縦1600になっています。また、位置の指定は左上が基準(0, 0)になっていて、X座標は右に行くほど、Y座標は下に行くほど値が大きくなります。► **One Point—画面のサイズ変更 p. 043**

直線の描画

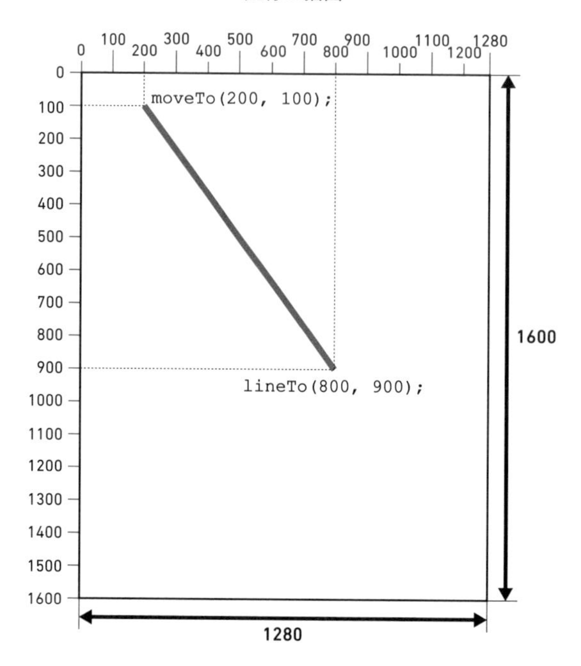

❸ 描画を始める宣言、ペンが移動した軌跡に線を描画

この段階でペンが(200, 100)から(800, 900)まで線を描けと命令したので描くと思うのですが、ただこの2行を書いただけでは、実際に線は描かれません。実際に線を描くにはmoveToやlineToのような描画命令の前にctx.beginPath();（3行目)、終わりにctx.stroke();（9行目）を書きます。これは、よく忘れますので気をつけてください。

beginPathは**これから描画を始める**という宣言で、strokeは**これまで命令してきた線を実際に描け**という命令です。ちなみに、stroke以外にfillという**中を塗りつぶす**命令もあります。

このようにDesigningMath-BaseのプラットフォームであるJavaScriptのCanvasでの描画は、

① beginPathで「これから描画をする」ことを宣言して、
② moveToやlineToなどで「描画の命令」をして、
③ 最後にstroke（もしくはfill）で「実際に描画」をする

という手順になります。

2-2 画面サイズ、線をつなげる

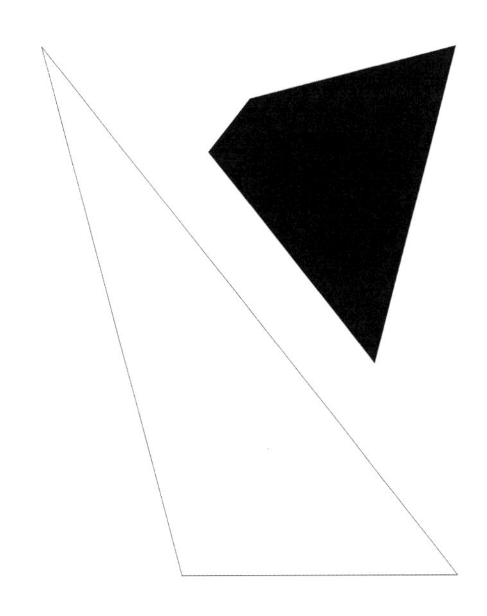

Sample 2-2

画面サイズを踏まえながら、線をつなげて描きましょう。

// ソースコード //

ch 2_2

```
 1: function setup(){ //最初に実行される
 2:   ctx.beginPath();
 3: ❶ 線はつなげて描ける
 4:   ctx.moveTo(0, 0);
 5: ❸ 画面横幅は screenWidth、高さは screenHeight
 6:   ctx.lineTo(screenWidth, screenHeight);
 7:   ctx.lineTo(screenWidth/3, screenHeight);
 8:   ctx.lineTo(0, 0);
 9: ❷ stroke は枠線
10:   ctx.stroke();
11:
12:   ctx.beginPath();
```

```
13:    ctx.moveTo(screenWidth*0.5, screenHeight*0.1);
14:    ctx.lineTo(screenWidth, 0);
15:    ctx.lineTo(screenWidth*0.8, screenHeight*0.6);
16:    ctx.lineTo(screenWidth*0.4, screenHeight*0.2);
17:  ❷ fill は塗りつぶし
18:    ctx.fill();
19:  }
```

❶ 線はつなげて描ける

前の *Sample 2-1* で、moveTo でペンの今の場所を移動して、その**今の場所**から lineTo の場所まで描くことを解説しました。

実は、lineTo は今の場所から指定の場所まで線を描くと同時に今の場所も移動しています。つまり、lineTo を連続で書くと、今の場所も移り変わっていき、線がどんどんつながって描かれます。

ソースコードでは、まず moveTo で (0, 0)、つまり画面左上にペンを持ってきて、そこから lineTo を 3 回書くことで、数珠つなぎ的に線がつながって描かれます（4 ～ 8 行目、13 ～ 16 行目）。

また、この *Sample 2-2* のように、複数の図形を描くときは、beginPath と stroke（もしくは fill）のセットを 1 つの図形ごとに分けて書きます（2 ～ 10 行目、12 ～ 18 行目）。

❷ stroke は枠線、fill は塗りつぶし

beginPath で描画を始めて、moveTo や lineTo で図形を描き、最後の stroke でその軌跡を線で描き（10 行目）、fill でその軌跡の内部を塗りつぶします（18 行目）。

❸ 画面横幅は screenWidth、高さは screenHeight

これは DesigningMath-Base に特化した（一般の JavaScript では使えない）ことですが、screenWidth、screenHeight という変数にはあらかじめ画面の幅と高さが入っています。画面サイズは横が 1280、縦が 1600 なので、screenWidth には 1280、screenHeight には 1600 が入っています。

6 行目の ctx.lineTo(screenWidth, screenHeight); によって、(0, 0) から画面の右下つまり (1280, 1600) の位置まで線を引いています。

また、screenWidth、screenHeight は変数なので、足したり割ったりなどの計算ができます。7 行目の ctx.lineTo(screenWidth/3, screenHeight); で、**画面幅の 1/3 と**

画面の高さまで、15行目の`ctx.lineTo(screenWidth*0.8, screenHeight*0.6);`で、画面幅の0.8倍（80%）、画面の高さの0.6倍（60%）まで線を引いています。▶ Appendix—JavaScriptにおける計算方法 p. 243

図形の描画

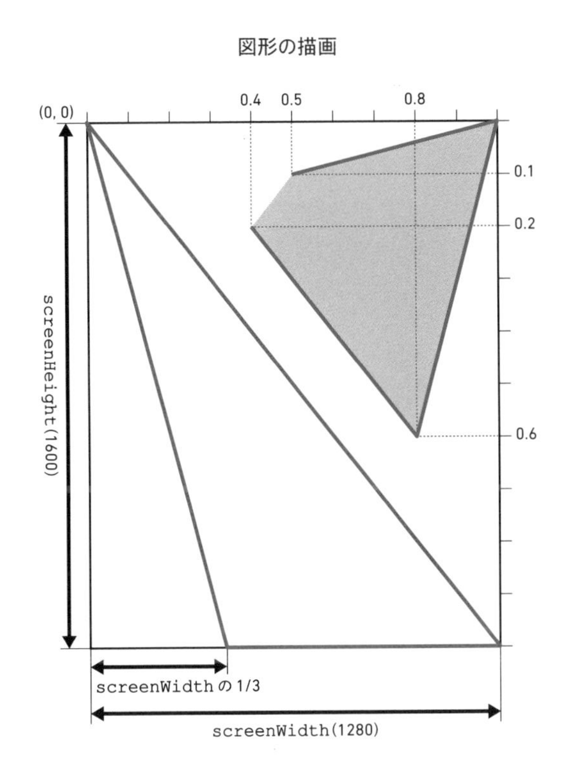

2-3 いろいろな線を描く

Sample 2-3

ベジェ曲線を使って、いろいろな線を描きましょう。

// ソースコード //

ch 2_3

```
 1: function setup(){ //最初に実行される
 2:   ctx.beginPath();
 3:   ctx.moveTo(100, 100);
 4:   ctx.lineTo(200, 100);
 5: ❶三次のベジェ曲線
 6:   ctx.bezierCurveTo(300, 200, 100, 300, 200, 400);
 7:   ctx.stroke();
 8:
 9:   ctx.beginPath();
10:   ctx.moveTo(200, 500);
11: ❷二次のベジェ曲線
12:   ctx.quadraticCurveTo(300, 600, 100, 700);
13:   ctx.lineTo(100, 500);
14:   ctx.closePath();
```

```
15:     ctx.stroke();
16:  }
```

DesigningMath-Base が使っている JavaScript の Canvas には moveTo や lineTo 以外にさまざまな描画機能があります。ここではそのいくつかを紹介します。
これらは基本的に moveTo や lineTo と同様に、beginPath で描画の宣言をして、最後に stroke や fill を使って描画します。

❶ 三次のベジェ曲線

まず、**三次のベジェ曲線**です（6 行目）。
三次のベジェ曲線は Illustrator などで使われている自由曲線です。次の図のように、開始点と終了点と 2 つの制御点の合計 4 個の点を指定すると曲線が描画されます。

三次のベジェ曲線の描画

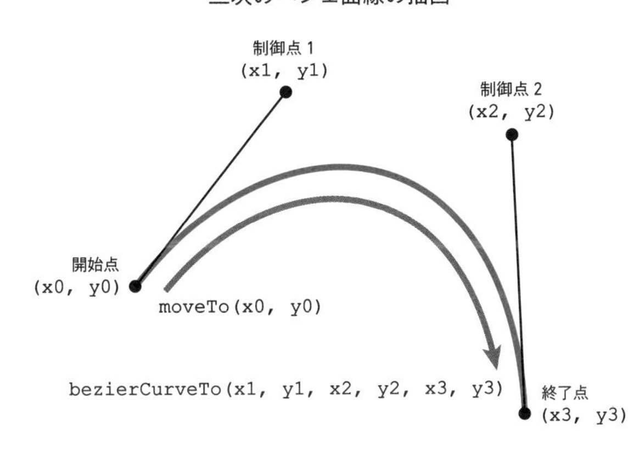

ベジェ曲線自体はとある数式で曲線の形が計算されますが、Canvas では bezierCurveTo を使うとその数式を知らずとも自動的にその曲線が描かれます。
まず、moveTo や lineTo などでペンを**今の位置**まで移動しておき（開始点）、そこから bezierCurveTo で、**制御点 1 の位置**、**制御点 2 の位置**、**終了点の位置**の 3 つを指定するとベジェ曲線を描くことができます。

三次のベジェ曲線の座標の指定

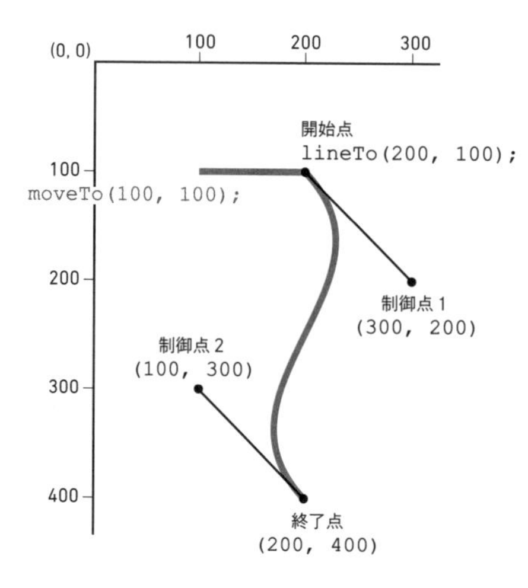

❷ 二次のベジェ曲線

次に**二次のベジェ曲線**です（12 行目）。quadraticCurveTo を使います。

二次のベジェ曲線の描画

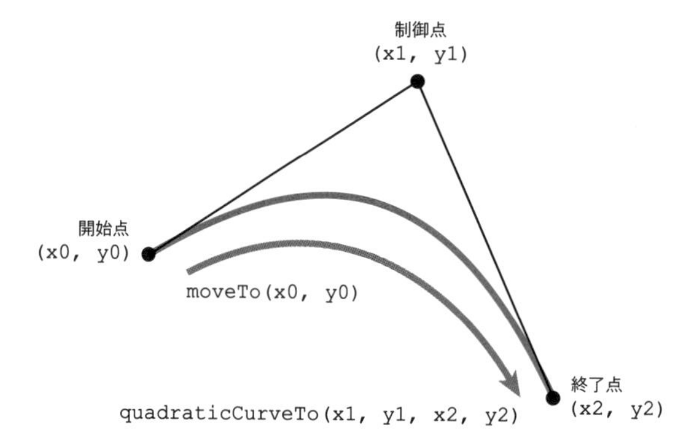

二次のベジェ曲線は制御点が 1 つしかありません。そのため、moveTo や lineTo などでペンを**今の位置**まで移動しておき（開始点）、そこから quadraticCurveTo で、**制御点の位置**、**終了点の位置**の 2 つの座標を指定すると二次のベジェ曲線が描かれます。

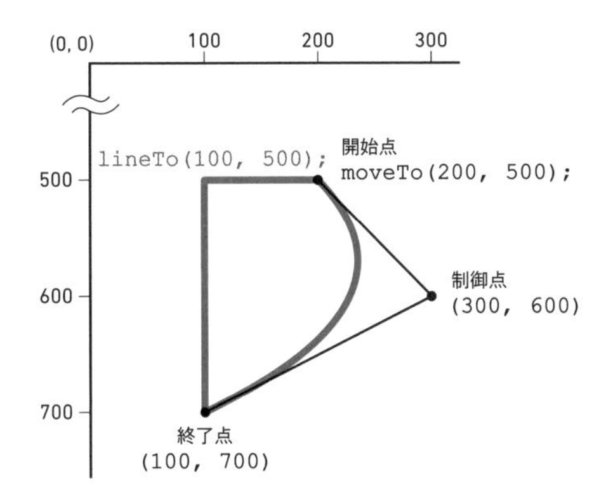

また、このベジェ曲線では14行目でclosePathを使ってみました。これは、**始点と終点をつなげる**という命令です。これを書くと最後（13行目）の(100, 500)までlineToされた場所と、最初（10行目）のmoveToされた(200, 500)がつながります。
このclosePathを使うか使わないかは自由です。描画の最後に書けば始点と終点がつながり、書かなければつながりません。

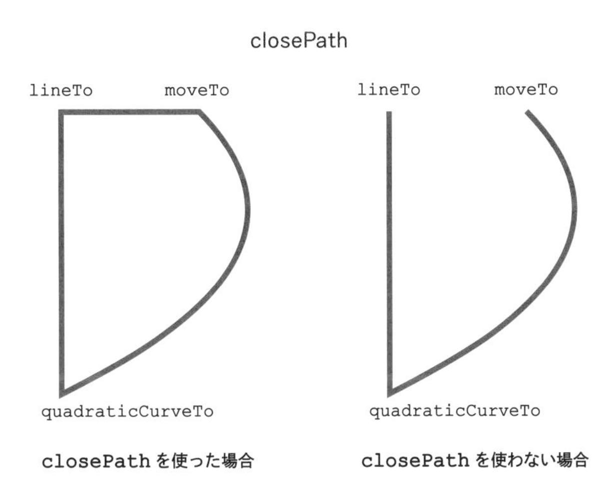

2-4 いろいろな形を描く

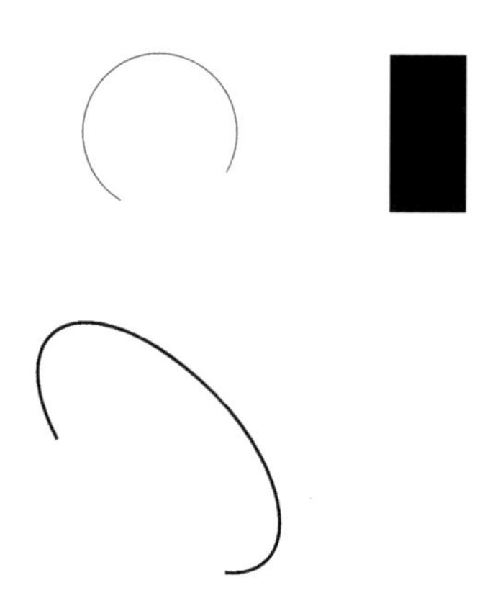

Sample 2-4

円や四角形などのいろいろな**形状**を描きましょう。

// ソースコード //

ch 2_4

```
 1: function setup(){ //最初に実行される
 2:   ctx.beginPath();
 3: ❶円弧
 4:   ctx.arc(500, 200, 100, 30/180*Math.PI, 120/180*Math.PI,
              true);
 5:   ctx.stroke();
 6: ❷線幅
 7:   ctx.lineWidth = 4;
 8:
 9:   ctx.beginPath();
10: ❸楕円
11:   ctx.ellipse(500, 600, 200, 100, 45/180*Math.PI,
                  30/180*Math.PI, 120/180*Math.PI, true);
12:   ctx.stroke();
```

```
13:
14:     ctx.beginPath();
15: ❹ 矩形（四角形）
16:     ctx.rect(800, 100, 100, 200);
17:     ctx.fill();
18: }
```

これらもこれまでと同様に、beginPathで描画の宣言をして、最後にstrokeやfillで描画します。

❶ 円弧

円弧を描くにはarcを使います。

カッコ内のパラメータ（引数）には**中心のX、Y座標値、半径、開始角度、終了角度、反時計回りに描くのか？**を順に書きます。

中心のX、Y座標値は画面の左上を(0, 0)と考えたときの位置です。**半径**は中心からの距離です。**開始角度、終了角度、反時計回りに描くのか？**は次の図のようになります。

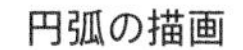

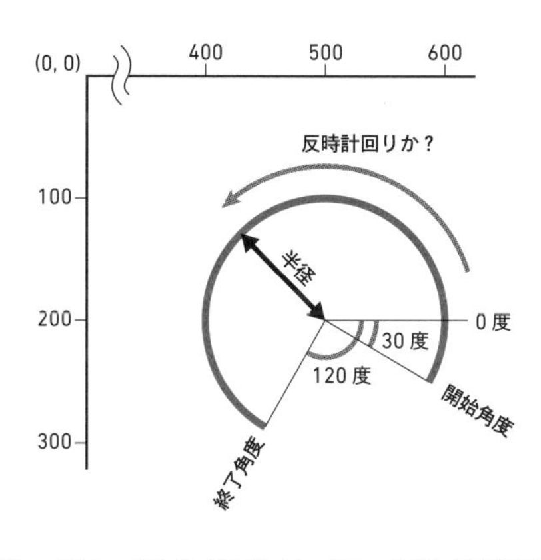

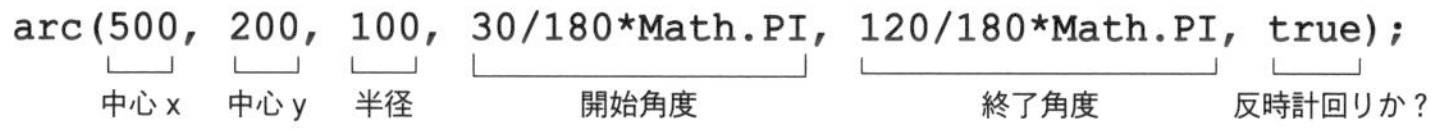

最後の**反時計回りに描くのか？**というところがtrue（反時計回りに描く）だったとしても、角度の測り方そのものは、右向き（3時の方向）を0度と考えた時計回りだということに気をつけましょう。例えば、この*Sample 2-4*では30度から120度まで反時計回りの円弧を描くのですが、30度や120度という角度は右向き（3時の方向）を0度とした時計回りに考えるということです。

また、角度は**ラジアン値**を使います。ラジアン値というのは360度の1周を2πつまり2×3.141592...= 6.283185... として表した単位です。つまり、1周を360で表すのではなく、6.283185……という数値で表します。これは、私たちが普段使っている**度**とは違う単位です。
プログラミングの世界ではこの `arc` をはじめとして、角度の単位に度ではなく、ラジアン値をよく使います。ただ、それでは数値が直感的ではないので、今回は4行目のように度で書いたものを**ラジアン値に変換**するような**変換式**を直接書いています。

```
ctx.arc(500, 200, 100, 30/180*Math.PI, 120/180*Math.PI, true);
```

これは、`30/180*Math.PI` から `120/180*Math.PI` までの円弧を描くという意味ですが、この `30` と `120` がそれぞれ**30度**と**120度**を意味しています。
度の値をラジアン値に変換するには

ラジアン値 = 度 ÷ 180 × π

という変換式を使います。
度 ÷ 180 は、180を単位とした割合を表します。例えば90度の場合は90 ÷ 180 = 0.5（半分）です。180度の範囲外でも大丈夫で、例えば360度のときは360 ÷ 180 = 2（180度が2つ）です。この割合に、180度とラジアン値での同値のπをかけることでラジアン値に変換されます。
この式を使うと、人間側も直感的にコーディングできます。ちなみにjavaScriptでは**π**を `Math.PI` と書き、3.14159……という数値を表します。

そして、最後に**反時計回りに描くのか？**を `true` か `false` という Boolean型で書きます。これは次の図のようになります。▶ Appendix―変数 p. 240

反時計回りか

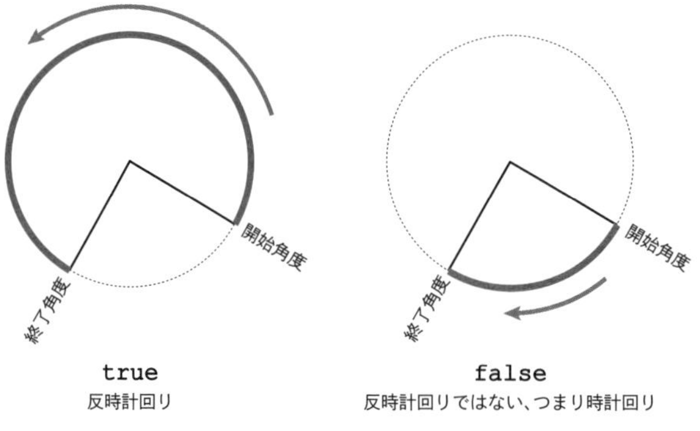

開始角度
終了角度
`true`
反時計回り

開始角度
終了角度
`false`
反時計回りではない、つまり時計回り

❷ 線幅

`lineWidth` の値を変えると線の太さを指定できます。7 行目のように書くと、それ以降に描く線の太さが 4 になります。ちなみに初期値は 1 です。

❸ 楕円

楕円を描くには `ellipse` を使います。

描く方法は基本的には `arc` と同じです。ただ、楕円には縦方向と横方向の半径と、楕円そのものの傾きが指定できるので、`ellipse` のカッコには、**中心の X、Y 座標値**、**傾き**、**横半径**、**縦半径**、**開始角度**、**終了角度**、**反時計回りに描くのか？**を書きます。ちなみに**傾き**の角度もラジアン値です。それぞれは次の図のようになります。

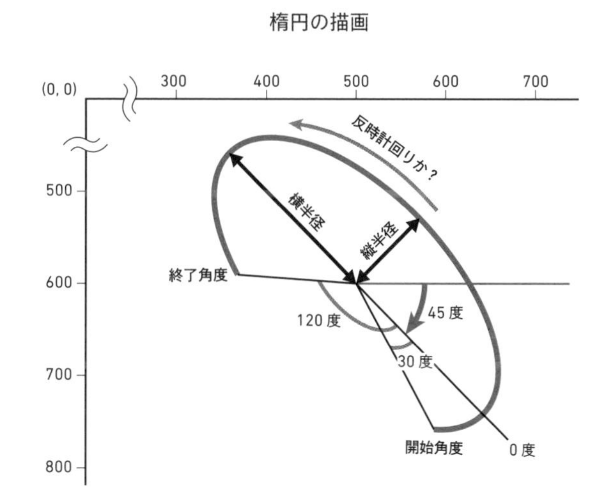


```
ellipse(500, 600, 200, 100, 45/180*Math.PI, 30/180*Math.PI, 120/180*Math.PI, true);
```

中心 x　中心 y　横半径　縦半径　傾き　開始角度　終了角度　反時計回りか？

❹ 矩形（四角形）

矩形（四角形）を描くには `rect` を使います。

カッコには、**左端の X 座標**、**上側の Y 座標**、**幅**、**高さ**を書きます。`arc` や `ellipse` は位置の指定が中心座標でしたが、`rect` は**左上**になります。注意しましょう。

矩形の描画

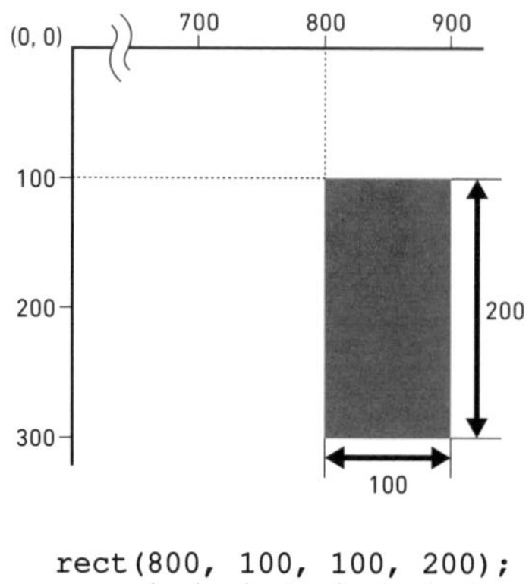

このrectは、fillを使ってそのエリアを塗りつぶしています。fillの代わりにstrokeと書くと枠線が描かれます。

2-5 色の設定

Sample 2-5

色を設定しましょう。

// ソースコード //

ch 2_5

```
 1: function setup(){ //最初に実行される
 2:   ctx.lineWidth = 40;
 3: ❶ 塗り色の指定
 4:   ctx.fillStyle = 'pink';
 5: ❷ 線の色の指定
 6:   ctx.strokeStyle = 'red';
 7:   ctx.beginPath();
 8:   ctx.arc(400, 500, 300, 0, 180*Math.PI*2, true);
 9:   ctx.closePath();
10:   ctx.fill();
11:   ctx.stroke();
12: ❸ 塗り色の指定（CSS）
13:   ctx.fillStyle = 'rgb(160, 160, 160)';
```

```
14: ❹線の色の指定（CSS）
15:   ctx.strokeStyle = '#990000';
16:   ctx.beginPath();
17:   ctx.arc(700, 500, 300, 0, 180*Math.PI*2, true);
18:   ctx.fill();
19:   ctx.stroke();
20: ❺塗り色の指定（透明度（アルファ値））
21:   ctx.fillStyle = 'rgba(255, 0, 0, 0.5)';
22:   ctx.beginPath();
23:   ctx.arc(550, 800, 300, 0, 180*Math.PI*2, true);
24:   ctx.fill();
25: }
```


❶塗り色の指定　❷線の色の指定

色を設定するには、**fillStyle**（**塗りの色**）と **strokeStyle**（**線の色**）を使います。

```
ctx.fillStyle = 'pink';
```

' 'や" "で挟んだ文字列で色を設定すると、これ以降常にその色で描かれます。
つまり、この命令を書くことで**色鉛筆を持ち変える（だからそれ以降の色が変わる）**といった感じでしょうか。ここではpink（ピンク）やred（赤）を設定していますが、このほかにもblue、black、white、yellowなどがあります。

❸塗り色の指定（CSS）　❹線の色の指定（CSS）

実はこの色の設定はCSSでのcolor:で設定する値と同じことが書けます。だから'rgb(160, 160, 160)'や'#990000'のような書き方もできます。

❺塗り色の指定（透明度（アルファ値））

透明度（アルファ値）も設定できます。21行目のようにrgbaを使い、最後のパラメータに0～1の透明度（0が透明、1が全部見えている）を指定します。

また、fillとstrokeは、これまではarcやmoveTo、lineToで形状を書いた後にctx.fill();かctx.stroke();のどちらか1つを書いてきましたが、この*Sample 2-5*のように、両方を併記することで、その形状を**塗りつぶして、枠線も描く**ことができます。

2-6 文字を描く

Designing Math.

Designing Math.

Designing Math.

Designing Math.

Sample 2-6

文字を描きましょう。

// ソースコード //

ch 2_6

```
 1: function setup(){ //最初に実行される
 2: ❶ 塗りで文字を描画
 3:   ctx.fillText("Designing Math.", screenWidth/2, 200);
 4:
 5:   ctx.strokeStyle = 'black';
 6: ❸ 書体
 7:   ctx.font = "60px Serif";
 8: ❹ 揃え
 9:   ctx.textAlign = "right";
10: ❷ 枠線で文字を描画
11:   ctx.strokeText("Designing Math.", screenWidth/2, 400);
```

```
12:
13:   ctx.fillStyle = grey;
14:   ctx.strokeStyle = red;
15:   ctx.lineWidth = 4;
16: ❸ 書体
17:   ctx.font = "80px Helvetica";
18: ❹ 揃え
19:   ctx.textAlign = "center"
20: ❺ 枠線を描画してから塗る
21:   ctx.strokeText("Designing Math.", screenWidth/2, 600);
22:   ctx.fillText("Designing Math.", screenWidth/2, 600);
23: ❻ 塗ってから枠線を描画
24:   ctx.fillText("Designing Math.", screenWidth/2, 800);
25:   ctx.strokeText("Designing Math.", screenWidth/2, 800);
26: }
```


❶ 塗りで文字を描画　❷ 枠線で文字を描画

文字を描くには**fillText**もしくは**strokeText**を使います。fillTextが塗り文字（つまり普通に文字を描く）、strokeTextが枠線の文字（いわゆる縁どり文字）です。3行目のように書くことで、「Designing Math.」というテキストを左からscreenWidth/2（画面中央）、上から200の位置に描きます。

ちなみに、これらfillTextとstrokeTextには、beginPath()やfill()、stroke()は必要ありません。

実際の表示では非常に小さくなっていますが、書体サイズの初期値は10pxです。描画エリアのサイズが1280 × 1600なので、小さく表示されます。

❸ 書体　❹ 揃え

書体やサイズを変えるには7行目のように**font**について記述します。最初に大きさ（60px）、次に書体（Serif）を設定します。この書体の名前は色と同様にCSSでのfont-familyの書き方に倣います。また行揃えを変えるには9行目のように**textAlign**について記述します。right（右揃え）、center（中央揃え）、left（左揃え）があります。

❺ 枠線を描画してから塗る　❻ 塗ってから枠線を描画

13行目から25行目までで、塗りがあって、枠線もある文字を描いています。

まず13行目から19行目までで書体や色の設定をして、21、22行目では**枠線を描いてから塗って**います。そして24、25行目では**塗ってから枠線を描いて**います。

塗りと枠線の描く順序を変えているだけですが、この２つは実際の表示で違いが見て取れます。
枠線を描いてから塗ると、枠線の太さによって本来の文字の内側まで侵食してしまった枠線を、後から塗りで上塗りして消すことができます。
塗ってから枠線を描くとその逆で、塗った後に、枠線の太さによって本来の文字の内側まで侵食されて枠線が描かれてしまいます。

塗りの順番による違い

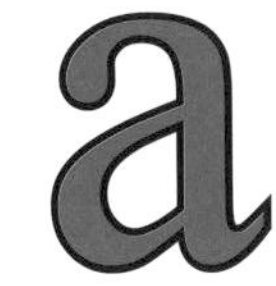

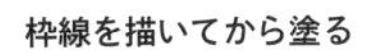
枠線を描いてから塗る

塗ってから枠線を描く

ちなみにこの効果は、arc や rect でも同じことが起こります。

2-7 動きの表現、指の位置

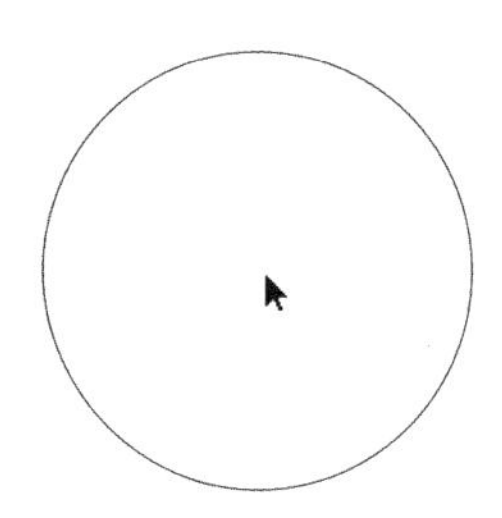

Sample 2-7 Motion sample ► https://furukatics.com/dm/s/ch2-7/

画面上を動く指の位置に円を描きましょう。

// ソースコード //

ch 2_7

```
 5: function loop(){   //常時実行される
 6: ❶ 画面全体を最初に全部消す
 7:   ctx.clearRect(0, 0, screenWidth, screenHeight);
 8:   ctx.beginPath();
 9:   ctx.arc(curYubiX, curYubiY, 200, 0, Math.PI*2);
10:   ctx.stroke();
11: }
```

❶ 画面全体を最初に全部消す

DesigningMath-Base には **curYubiX** と **curYubiY** という変数があります。これにはあらかじめ**現在の指（マウス）の位置**が入っています。

DesigningMath-Base をインストールした最初の段階では、

```
function loop(){ //常時実行される
  ctx.beginPath();
  ctx.arc(curYubiX, curYubiY, 200, 0, Math.PI*2);
  ctx.stroke();
}
```

のように書かれていて、現在の指の位置に半径200の円が描き続けられます。これを一行追加して、

```
function loop(){ //常時実行される
  ctx.clearRect(0, 0, screenWidth, screenHeight);
  ctx.beginPath();
  ctx.arc(curYubiX, curYubiY, 200, 0, Math.PI*2);
  ctx.stroke();
}
```


のようにすると、円が指にくっついてきます。
clearRectは**画面を消す**という命令で、後ろのカッコ内にはrectと同様に、(**左端のX座標、上側のY座標、幅、高さ**)を指定します。ここでは、画面の左上(0, 0)から画面全体の幅と高さ(screenWidth, screenHeight)を指定しているので**画面全体が消え**ます。

常時実行されるloopで、

① まず、画面全体を消してから
② 指の周りに半径200の円を描く

が繰り返されるので、結果的に円が指にくっついてくるようになります。
(curYubiX、curYubiYは一般のJavaScriptでは実装されていません)

2-8 タッチの状態

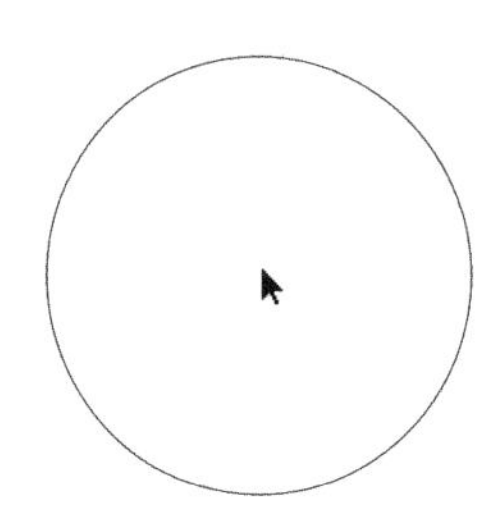

Sample 2-8　　Motion sample ► https://furukatics.com/dm/s/ch2-8/

画面タッチについて考えましょう。

// ソースコード //

ch 2_8

```
 5: function loop(){   //常時実行される
 6:   ctx.clearRect(0, 0, screenWidth, screenHeight);
 7: ❶画面がタッチ（マウスダウン）されていたら
 8:   if(yubiTouched){
 9:     ctx.beginPath();
10:     ctx.arc(curYubiX, curYubiY, 200, 0, Math.PI*2);
11:     ctx.stroke();
12:   }
13: }
```

❶ 画面がタッチ（マウスダウン）されていたら

これは、**指（マウス）がタッチされている間だけ**円を描くものです。

DesigingMath-Base には `yubiTouched` という変数があり、そこには**現在のタッチ（マウスダウ**

ン）の状況が Boolean 値（true か false）で入っています。
タッチされていれば true、されていなければ false です。

この *Sample 2-8* では、前回のようにまず画面全体を消してから（6 行目）、if(yubiTouched) で、タッチされているかどうかを判定して（8 行目）、もし true だったら続く { } の中が実行される、つまりこれまでのように指の位置に円が描かれます。

結果として、普段は何も描かれず、指がタッチされている間だけ円が描かれます。▶ Appendix—if 文 p. 246
（yubiTouched は一般の JavaScript では実装されていません）

ONE POINT

画面サイズ変更

DesigningMath-Base は screenWidth に画面（描画エリア）の横幅、screenHeight に高さが入っています。初期値は 1280、1600 です。これらを変更するには、「index.html」内の width と height の値を書き換えます。これらを書き換えて、再読み込みすると、描画エリアの大きさが変わります。
また、上記のサイズは仮想の大きさです。つまり、「example.js」内で指定した位置に描かれますが、実は画面上の実際のピクセル数とは合っていません。スマホで見る場合には画面幅を 1280 に見立てて描画しています。パソコンのブラウザで見る場合にはウィンドウ幅が 640 ピクセルまではその幅を 1280 と考えて、それ以上の幅になると、640 ピクセルを 1280 と考えてセンタリングして描画します。

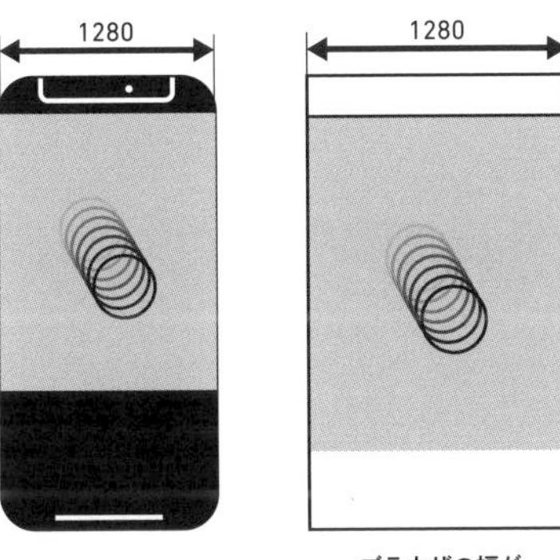

スマートフォン
ブラウザの幅が
640 ピクセル未満のとき

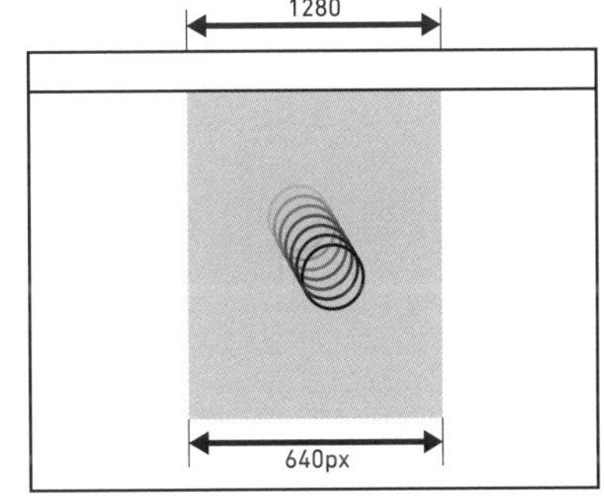

ブラウザの幅が
640 ピクセル以上のとき

2-9 タッチイベント

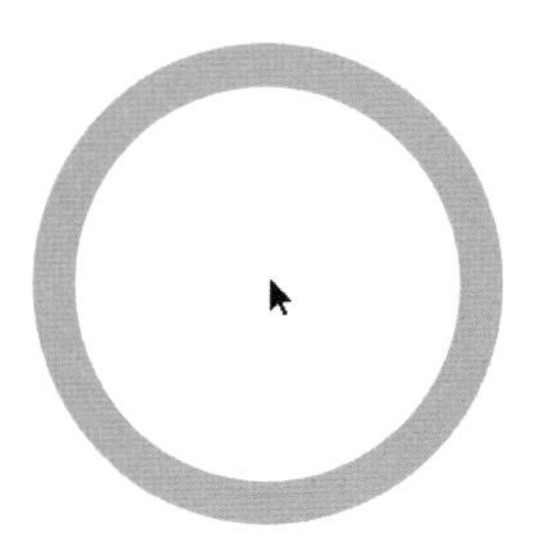

Sample 2-9

Motion sample ► https://furukatics.com/dm/s/ch2-9/

画面タッチや、指の動きのタイミングを取り入れてみましょう。

// ソースコード //

ch 2_9

```
 5: function loop(){   //常時実行される
 6:   ctx.clearRect(0, 0, screenWidth, screenHeight);
 7:
 8:   ctx.lineWidth = 40;
 9:   ctx.beginPath();
10: ❶ 常時、指の位置に円を描画
11:   ctx.arc(curYubiX, curYubiY, 200, 0, Math.PI*2);
12:   ctx.stroke();
13: }
14: ❷ タッチされたら赤
15: function touchStart(){   //タッチ（マウスダウン）されたら
16:   ctx.strokeStyle = 'red';
17: }
```

```
18: ❸指が動いているときはピンク
19: function touchMove(){ //指が動いたら（マウスが動いたら）
20:   ctx.strokeStyle = 'pink';
21: }
22: ❹指が離されたらグレー
23: function touchEnd(){  //指が離されたら（マウスアップ）
24:   ctx.strokeStyle = 'grey';
25: }
```

❶常時、指の位置に円を描画　❷タッチされたら赤
❸指が動いているときはピンク　❹指が離されたらグレー

DesigingMath-Baseには`touchStart`、`touchMove`、`touchEnd`という関数が用意されています。►**Appendix—関数 p. 244**

これはそれぞれ**タッチ（マウスダウン）された瞬間、指（マウス）が動いた時、指（マウス）が離された瞬間**に自動的に実行されます。

そこで、この*Sample 2-9*では、まず常時実行される`loop`で、これまでのサンプルのように常に指の位置に円を描くとだけ書いておき(6〜12行目)、`touchStart`では、ペンの色を赤、`touchMove`では、ペンの色をピンク、`touchEnd`では、ペンの色をグレーにします。

これで、タッチした瞬間は赤、動かし始めるとピンク、離した瞬間にグレーになります。
（`touchStart`、`touchMove`、`touchEnd`は一般のJavaScriptでは実装されていません）

Designing

Math.実践

数学理論やアルゴリズミックな思考を取り入れたグラフィックを参照しながら、
そのプログラミングの理論と方法を解説していきます。

Chapter 3

繰り返し

Repetition

まず、コンピュータが得意な「繰り返し」を使ったグラフィックを描いてみましょう。
この作品は一見とても複雑に見え、どのような仕組みで成り立っているのかわからないという人もいると思います。しかし、実は、単純な要素が複数絡み合うことで、複雑な構造に見えているのです。
そこで、その単純な要素を一つひとつ分解しながら解説していきます。

Motion sample ► https://furukatics.com/dm/s/ch3-5/

3-1 縦横に●を並べる

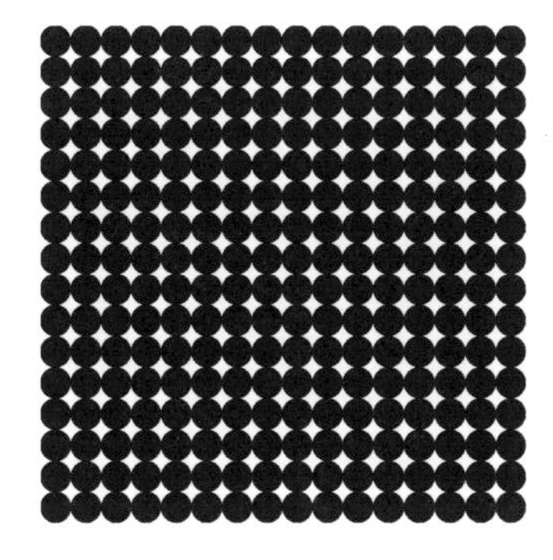

Sample 3-1

まず、●を縦横に並べます。

// ソースコード //

ch 3_1

```
 1: ❶ 縦横に並ぶ数と大きさ
 2: let unitKazu = 16;
 3: let unitSize = 60;
 4:
 5: function setup(){  //最初に実行される
 6:
 7: }
 8:
 9: function loop(){   //常時実行される
10: ❷ 1つずつの●について
11:   for(let i=0; i < unitKazu*unitKazu; ++i){
12: ❸ それぞれの位置（X座標、Y座標）を決める
13:     let tateNum = parseInt(i / unitKazu);
14:     let yokoNum = i % unitKazu;
15:     let x = unitSize*yokoNum + unitSize/2;
```

```
16:       let y = unitSize*tateNum + unitSize/2;
17:  ❹半径を決める
18:       let hankei = unitSize/2;
19:  ❺●を描画
20:       ctx.beginPath();
21:       ctx.arc(x, y, hankei, 0, Math.PI*2, true);
22:       ctx.fill();
23:     }
24:  }
25:
26:  function touchStart(){   //タッチ（マウスダウン）されたら
27:
28:  }
29:
30:  function touchMove(){ //指が動いたら（マウスが動いたら）
31:
32:  }
33:
34:  function touchEnd(){   //指が離されたら（マウスアップ）
35:
36:  }
```


❶ 縦横に並ぶ数と大きさ

最初に●の数と大きさを決めています（2、3行目）。unitKazuには16、unitSizeには60を設定しています。つまり縦横に16個並び、●の直径が60（ピクセル）です。▶ Appendix—変数 p. 240

❷ 1つずつの●について

次に、●の位置を決めて描画するのですが、1度にはできないので、1つずつfor文を使って計算していきます（11～23行目）。▶ Appendix—for 文 p. 247

まず、

```
for(let i=0; i < unitKazu*unitKazu; ++i){
```

としています（11行目）。unitKazuは縦と横の数なので、●全体の数はunitKazu*unitKazu（16×16=256個）になります。つまり、iを0からunitKazu*unitKazu（256）まで増やし、●について1つずつ計算していきます。▶ Appendix—JavaScript における計算方法 p. 243

●の位置とiの関係

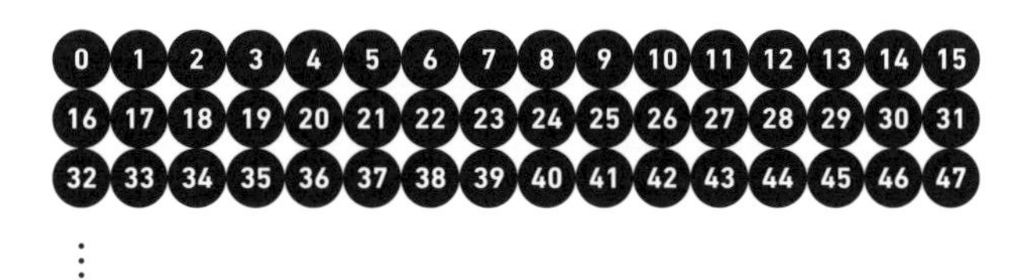

❸ それぞれの位置（X座標、Y座標）を決める

その for 文の中で、まず●の位置を計算します。i には0から始まる現在の●の番号、unitKazu には縦横に並んだ数が入っているので、この仕組みを使います。

```
let tateNum = parseInt(i / unitKazu);
```

で、縦の位置（上から何行目か）を計算します（13行目）。i は●の番号、unitKazu は横に並んでいる数なので、i / unitKazu の整数部分は**何行目か**を計算できます。例えば、38番目の●の場合、i / unitKazu は 38 / 16 = 2.375 なので整数部分を見ると2行目（最初の行を0行目と考えて）にあることがわかります。parseInt は（ ）内の数値の小数点以下を切り捨て整数部分を抜き出します。つまり parseInt(38 / 16) = parseInt(2.375) = 2 ということになります。これで、tateNum には●の上から何行目かの数が計算されます。

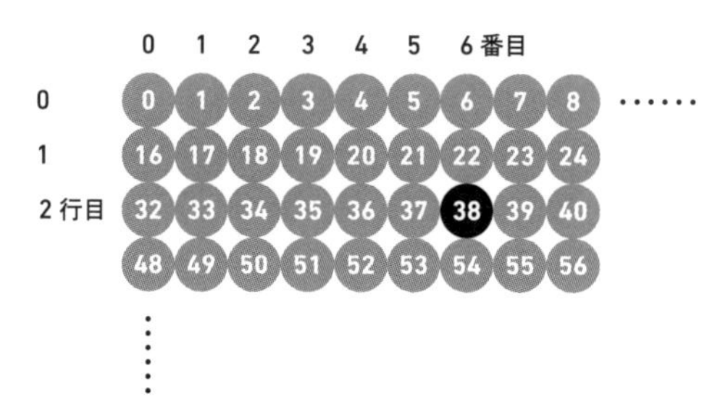

次に横の位置です。これは、

```
let yokoNum = i % unitKazu;
```

で計算しています（14行目）。%は**あまり**を計算します。つまり`i`を`unitKazu`で割ったあまり、先ほどの38個目の場合だと、38を16で割ったあまり、つまり38÷16＝2あまり6の、この6を計算します。結果として、`yokoNum`には列の左端からの数が計算されます。
これで、`tateNum`と`yokoNum`にそれぞれの`i`番目の●の**上から何行目か**と**左から何個目か**が計算されます。

ただし、これはあくまで何個目かということなので、ここから**画面上での座標値**を計算しなくては実際の場所に●が描けません。それをおこなっているのが

```
let x = unitSize*yokoNum + unitSize/2;
let y = unitSize*tateNum + unitSize/2;
```

です（15、16行目）。最初にX座標（横の座標値）を計算しています。●の1つの大きさは`unitSize`で、`yokoNum`には左から何個目かが入っているので、これをかけることで、画面の左端を基準とした●の横の座標値が計算されます。次の縦の計算も同様です。
先ほどの38個目の場合だと、`yokoNum`には6、`tateNum`には2が入っているので、横の位置`x`は、x＝60×6＝360、縦の位置`y`は、y＝60×2＝120が計算されます。

●の座標の考え方

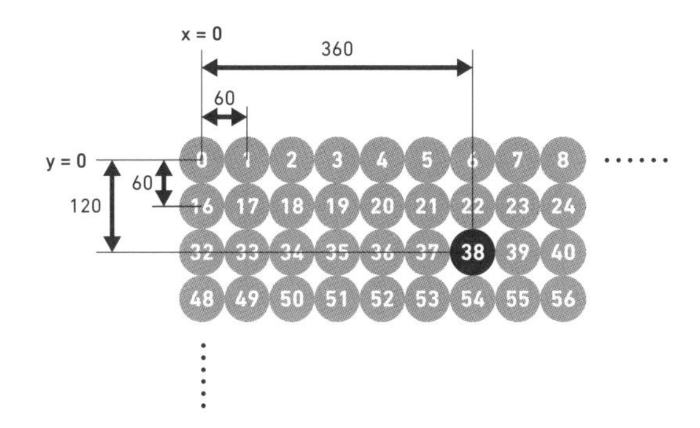

基本的にはこれでそれぞれの●の位置が計算されたのですが、最後に unitSize/2、つまり●の半径を加えています。これはなぜでしょうか。これは、後の円の描画 arc の仕様によるものなのです。arc は**円の中心を基準**に描画します。unitSize*yokoNum はそれぞれの●の左上の位置を計算しています。例えば最初の i＝0 のときは X 座標も Y 座標も 0 になります。
そのため、x、y それぞれに自身の半径分だけを加算して、**中心の位置**を計算しています。

基準を●の左上から中心に変更

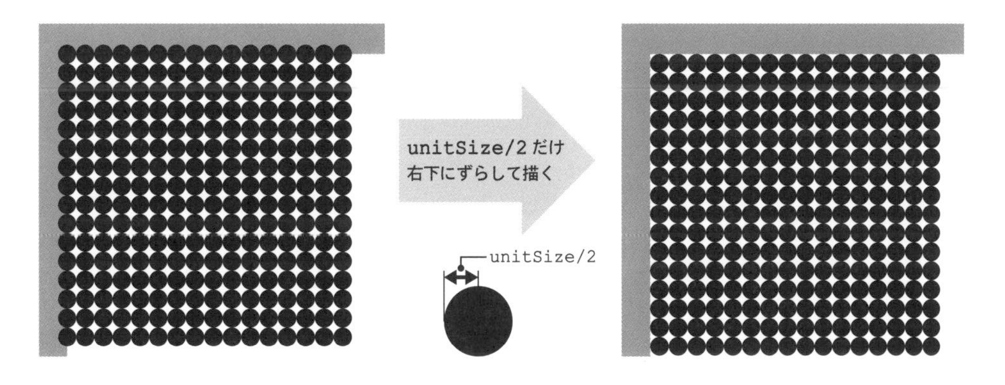

❹ 半径を決める

次に実際に描画する際の半径を管理する変数 hankei に●の半径 unitSize/2（30）を設定しています。

❺ ●を描画

これらの X、Y 座標値、半径を使って画面上に半径 30（unitSize/2）の●を 60（unitSize）間隔で 16 個ずつぴったりと並べるように描画します（20〜22 行目）。

3-2 エリア内にぴったり収める

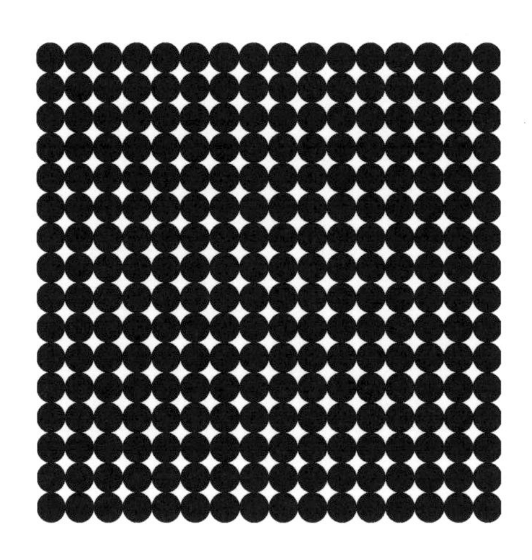

Sample 3-2

次に、●を画面の大きさいっぱいに並べてみましょう。*Sample 3-1* では、あらかじめ●の大きさ（unitSize）を60と決めましたが、これを画面の幅や高さに応じて計算し、縦横16個（unitKazu）の●がぴったりと画面中央にはまるようにします（縦横どちらかが長い場合は左右や上下に余白を作ります）。

// ソースコードの変更点 //

ch 3_2

```
1: let unitKazu = 16;
2: ❶変数の宣言
3: let unitSize, offsetX, offsetY;
4:
5: function setup(){ //最初に実行される
6: ❷大きさ、余白の計算
7:   unitSize = Math.min(screenWidth, screenHeight)/unitKazu;
8:   offsetX = screenWidth/2 - unitKazu*unitSize/2;
```

```
 9:   offsetY = screenHeight/2 - unitKazu*unitSize/2;
10: }
11:
12: function loop(){   //常時実行される
13:   for(let i=0; i<unitKazu*unitKazu; ++i){
14:     let tateNum = parseInt(i / unitKazu);
15:     let yokoNum = i % unitKazu;
16: ❸位置の計算
17:     let x = offsetX + unitSize*yokoNum + unitSize/2;
18:     let y = offsetY + unitSize*tateNum + unitSize/2;
19:
20:     let hankei = unitSize/2;
```


上記のソースコードは前回から変わった部分を抜き出して書いています。
では、順を追って解説していきましょう。

❶変数の宣言

まず unitSize、offsetX、offsetY の３つの変数を宣言しています。
unitSize は *Sample 3-1* と同様に●の大きさを管理する変数ですが、今回は後ほど setup 関数内で計算するので、ここでは宣言だけにとどまっています（ここで宣言しなければ、いろいろな場所で使えません）。► Appendix—グローバル変数 p. 242
offsetX と offsetY は画面の大きさで縦横の長さ（screenWidth、screenHeight）が違った場合の**余白**です。次の図を参照してください。

screenWidth、screenHeightとoffsetX、offsetYの関係

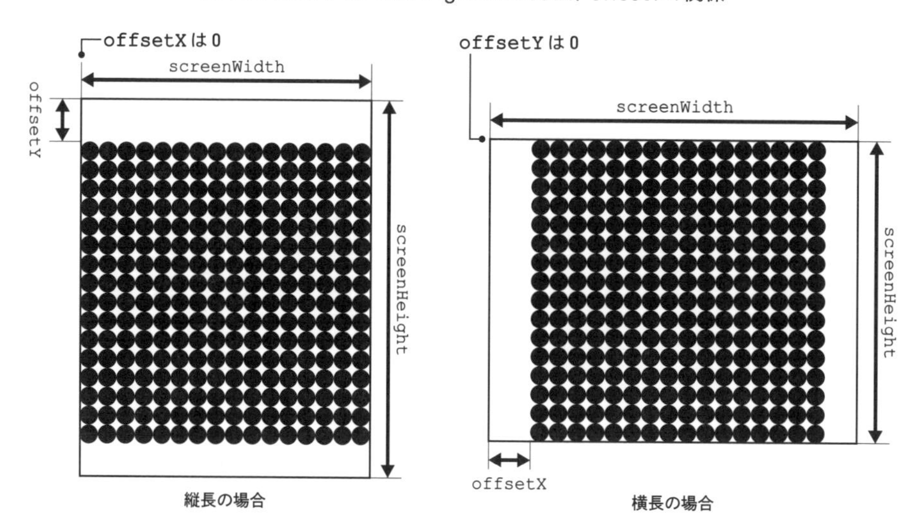

❷ 大きさ、余白の計算

この*Sample 3-2*が実行されるとまずsetup関数が実行されます。その中で、●の大きさ(unitSize)と、余白（offsetX、offsetY）をあらかじめ計算しておき、その値を持って常時繰り返されるloop関数で描画します。●の大きさは、

```
unitSize = Math.min(screenWidth, screenHeight) / unitKazu;
```

で計算します（7行目）。Math.min(screenWidth, screenHeight)は**画面の幅と高さの小さい（短い）方**を計算します。今回は画面の大きさは縦長で、screenWidthが1280、screenHeightは1600なので、このunitSizeは1280になります。
それをunitKazu、つまり縦横に並んだ●の数（16個）で割っています。画面の幅と高さの短い方を、●の並んでいる数で割るので、結果としてunitSizeには**幅と高さの短い方に16個ぴったりと並べるときの●の直径**が計算されます。今回は●の直径は80（= 1280 ÷ 16）になります。

unitSizeの計算

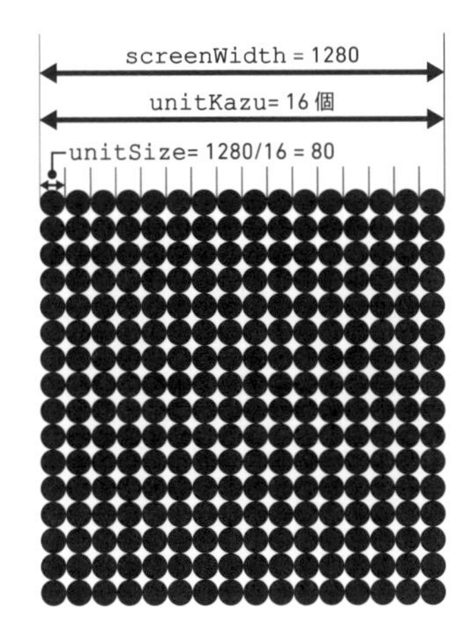

次に、余白を計算します。これは、幅と高さの短い方に●はぴったり収まるけど、長い方は上（もしくは左）に偏ってしまうので、それを中央に持っていくための計算です。
横位置の計算は８行目の

```
offsetX = screenWidth/2 - unitKazu*unitSize/2;
```

で、縦位置の計算は９行目の

```
offsetY = screenHeight/2 - unitKazu*unitSize/2;
```

で、おこなっています。ここではまず、実際に余白がある縦位置（offsetY）について次の図を見ながら解説します。
まず、●が16個並んだときの高さはunitKazu*unitSizeで計算される（①）のでunitKazu*unitSize/2はその半分の値になります（②）。画面の高さはscreenHeightなので（③）、screenHeight/2で画面の高さの半分が計算されます（④）。これらの差をとることで結果的にoffsetYには上の余白が計算されます（⑤）。

余白の計算方法

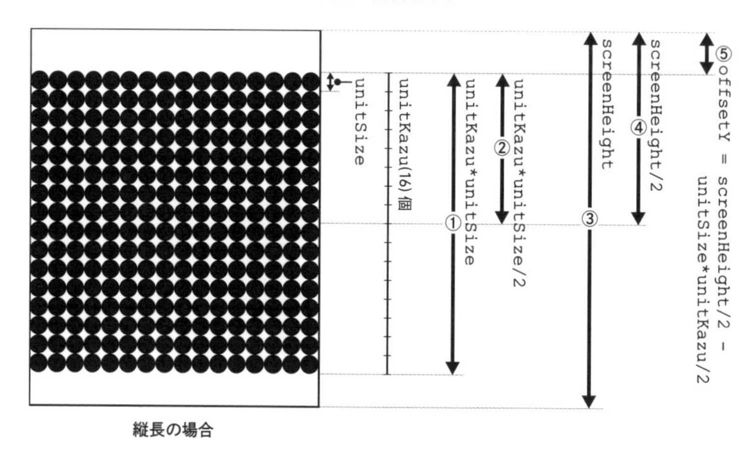

横位置の offsetX についても考え方は同じです。そして、もし幅が高さより小さい、つまり縦長の場合（今回は幅が1280で高さが1600なのであてはまりますが）も、上記の式では0（= 1280 ÷ 2 − 16 × 80/2）になるため、左にぴったり付くことになります。

❸ 位置の計算

このように計算された●の大きさ（unitSize）、余白（offsetX、offsetY）を使って loop 内で●の位置 x、y を、

```
let x = offsetX + unitSize*yokoNum + unitSize/2;
let y = offsetY + unitSize*tateNum + unitSize/2;
```

で計算しています（17、18行目）。

Sample 3-1 は単純に左上から描画するので

```
let x = unitSize*yokoNum + unitSize/2;
let y = unitSize*tateNum + unitSize/2;
```

でしたが、今回は、余白、すなわち**ずらす**ということからそれぞれの位置に offsetX、offsetY を加算しています。

これで、画面の中央に●が並びます。

3-3 徐々に大きさを変える

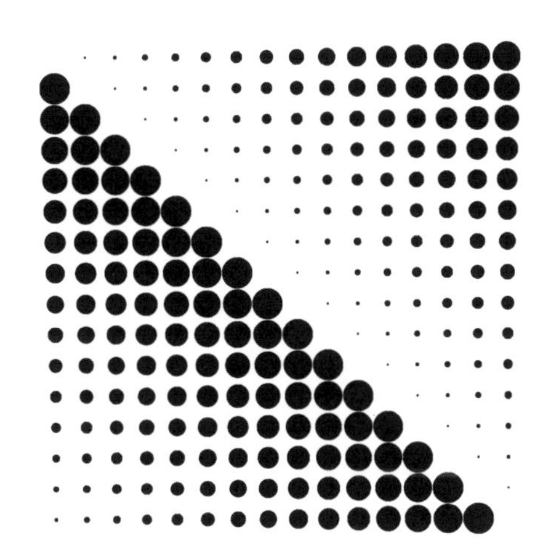

Sample 3-3

次に、●の大きさをそれぞれ変えてみましょう。

// ソースコードの変更点 //

ch3_3

```
10: function loop(){   //常時実行される
  ⋮
15:     let y = offsetY + unitSize*tateNum + unitSize/2;
16: ❶ 半径の計算
17:     let par1 = (i % (unitKazu+1)) / unitKazu;
18:     let hankei = par1 * unitSize/2;
```

❶ 半径の計算

前回から変わった部分は、●の半径を決める17、18行目のみです。

Sample 3-2 までは

```
let hankei = unitSize/2;
```

のように、●の半径は●の大きさである unitSize の半分に固定していました。今回はそれを一旦●の順番の値である i を加味した値 par1 を計算して、その par1 から●の大きさを計算します。つまり、●の順番によってその大きさが変わるようにしています。

まず、この大きさが変化する仕組みを解説します。
パッと見た目は右上を基準に左下に向かって徐々に小さくなっていき、真ん中で再び大きくなりまた徐々に左下に向かって小さくなっていくように見えますが、プログラミング内ではそういう書き方をしていません。

まず、プログラミングの描画の仕組みは、●は左上から右に順番に描画されていき（最初の左上は半径が 0 なので見えない）、右端の 16 個目まで達すると 1 段下がって再び左端から順番に描画されます。

大きさを変化させる描画の仕組み

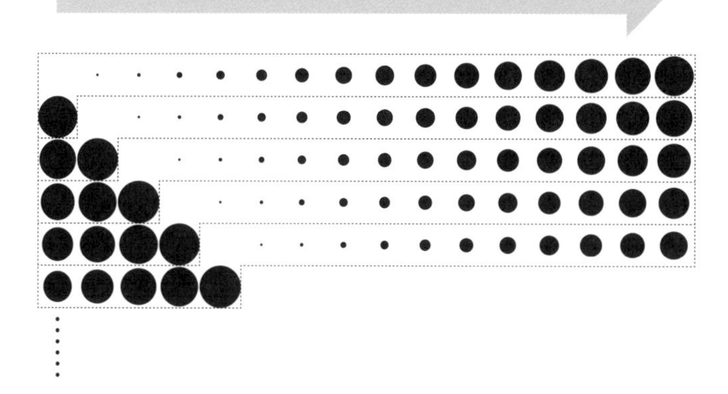

そういう観点で見てみると、最初、左上端から右端まで大きくなり、次の行のもう 1 つ、つまり 17 個目まで大きくなり、18 個目で最初の大きさ（0）に戻されています。またそこから 17 個単位で徐々に大きくなり、最初の大きさ（0）に戻されます。このように、●の横に並んでいる数（16）より 1 つ大きな数値（17）単位で大きさの変化が繰り返されることで、全体的に**徐々にずれた**グラフィックができます。

これを実現しているのが、17 行目の計算です。

```
let par1 = (i % (unitKazu+1)) / unitKazu;
```

番目　横の数+1 (17)　横の数 (17)

17を単位 (0〜16) としてiは何番目か

0〜16を単位とした場合のiの割合 (0〜1)

まず、`i % (unitKazu+1)` で、●の順番 `i` を、横に並んでいる●の数より1つ大きな数値 (17) で割ったあまり、すなわち17を単位として繰り返した場合、`i` はその17個単位の中で何番目にあたるかということを計算します。例えば、`i` が56の場合、`i % (unitKazu+1)` は、56÷17＝3あまり5、すなわち56を17で割ったあまりは5となり、17を単位として繰り返した列の5番目（最初の番号は0）ということになります。

iが56の場合の●の位置

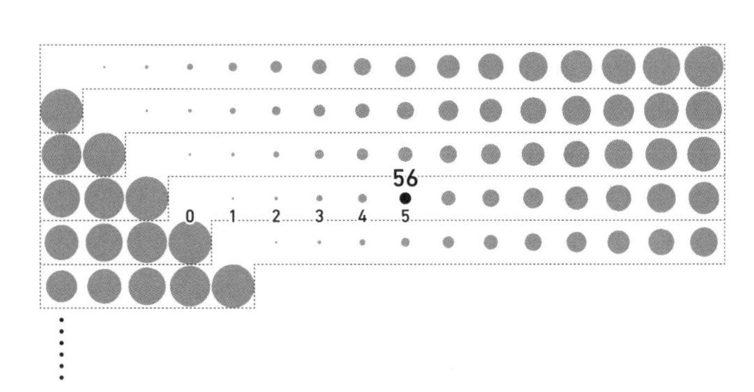

これで `i % (unitKazu+1)` は `i` が増えるにしたがって、0、1、2……16の値を取ることが繰り返されます。そして、その値を `unitKazu`、すなわち16で割っています。**0から16までが繰り返される値を16で割る**ことで、結果としてこの `par1` は、0から1までが繰り返される値になります。このような**いろいろな値の変化を0〜1の範囲にまとめる**ということはプログラミングの中でとてもよく行われます。

このように `par1` は `i` が進むことによって、17個を単位として0〜1まで増えるという変数になったので、次の

```
let hankei = par1 * unitSize / 2;
```

0〜1を繰り返す　●の半径 (40)

0〜unitSize/2を繰り返す

で、もともとの●の半径であるunitSize/2に0〜1の値を繰り返すpar1をかけることで、hankeiはiが増えるに連れて17個単位で、0〜unitSize/2の値を繰り返すことになり、徐々に大きくなることが繰り返される●が実現されます。

ONE POINT

ソーティング

コンピュータの便利な機能の1つとして、ソーティング（並べ替え）というものがあります。ばらばらに並んでいる名簿を50音順に並べ替えたり、年齢順に並べ替えたりといったものです。これは一体どうやっているのでしょうか？

例えば今、10人分の年齢データが10個の変数（*Chapter 5*で出てくる配列変数を使うと便利です）に、ばらばらの順番で入っているとします。これをfor文を使って若い順にソーティングしてみましょう。まず、for文で、ばらばらに並んでいる10個の変数（年齢）を最初から順に巡っていきます。その度に、その年齢と次に並んでいる年齢を比べて、次に並んでいる年齢の値が小さければ（若ければ）、その2つの年齢を入れ替えます。同じか大きければ何もしません。すると、このfor文によって、全ての年齢が「自分の次に並んでいる年齢と比べて、次が若ければ入れ替わる」ので、若ければ1つだけ前に移動します。もし、10人の名簿で、最も若い人が10番目にいれば、このfor文で9番目になります。このfor文をさらにfor文を使って10回繰り返します。つまり2重のfor文を使います。1回のfor文で10番目の最も若い人が9番目に移動するので、10回のfor文で、10番目にいた最も若い人は、繰り上げ繰り上げを繰り返して1番目に移動します。これによって他のすべての要素も繰り上げと繰り下げを繰り返し、結果として、全部の変数が若い順にきれいに並ぶことになります。このソーティングの方法は、1回のfor文を行うことで、それぞれが小さな泡のようにぶくぶくと繰り上がっていくので、「バブルソート」と呼ばれます。ソーティングの計算方法は他にもたくさんありますが、バブルソートは簡単な並べ替えの方法として、多く使われています。

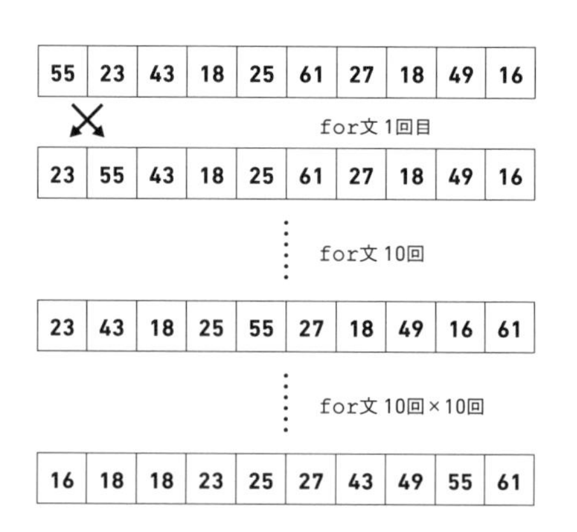

https://furukatics.com/dm/op/sorting/ 

3-4 時間に沿って大きさを動かす

Sample 3-4 Motion sample ► https://furukatics.com/dm/s/ch3-4/

次に、●の大きさを動かしてみましょう。時間に沿って大きくなります。

まず、この人きさが時間に沿って変化する仕組みを解説します。
一つひとつの●を見てみると、同じ動きをしていることがわかります。つまり、徐々に大きくなって自身の最大の大きさ（unitSize）になったら0になって再び徐々に大きくなることを繰り返します。これは、*Sample 3-3* で作ったように最初の大きさが違うので、その違い分だけ大きさの周期がずれて見えています。

動かすには**時間**を使っています。プログラミング内ではまずコンピュータに対して、現在の時間を問い合わせます。この時間の値は増え続けるので、その値を●の半径に加算します。ただし、増え続ける時間の値を単純に半径に加算すると●は大きくなっていくばかりなので、それを先ほどおこなった**%を利用した値の繰り返し**と**変化する値を0〜1の範囲にまとめる**ことを活用して、もともとの大きさ内での変化にまとめています。

では、ソースコードを詳しく見ていきましょう。

// ソースコードの変更点 //

ch3_4

```
10:  function loop(){   //常時実行される
11:  ❷ 現在時刻の取得
12:    let passedTime = new Date().getTime();
13:  ❶ 画面全体を消す
14:    ctx.clearRect(0, 0, screenWidth, screenHeight);
 ⋮
24:  ❸ 半径の計算
25:      let par2 = ((passedTime % 1000) / 999);
26:      par2 = par2 * unitSize/2;
27:      hankei = (hankei+par2) % (unitSize/2);
28:
29:      ctx.beginPath();
```


❶ 画面全体を消す

まず、今回から**動き**つまりアニメーションとして見せるための、loopの最初の方でclearRectで画面全体を消しています。これで**全体を一旦消してから新しく描く**ことが繰り返されるので、結果として動きを表現できます。

❷ 現在時刻の取得

loop内の最初に**現在時刻**をpassedTimeに取得します。new Date( ).getTime( )は現在時刻をコンピュータから取得します。この現在時刻はちょっと独特で1970年1月1日0時0分0秒からの経過ミリ秒が入っています。例えば、

[2021年10月9日22時13分32秒] は [1633785212000]

になります。その2秒後の

[2021年10月9日22時13分34秒] は [1633785214000]

では1秒は1000ミリ秒なので、2000増えています。

このように書くことで、passedTimeには1970年1月1日0時0分0秒からの経過ミリ秒が入ります。▶ One Point―new Date().getTime() p.069

❸ 半径の計算

次に追加された25〜27行目を見ていきましょう。まず、

```
let par2 = ((passedTime % 1000) / 999);
```

としています。これは先ほどの par1 の計算、すなわち **i を 17 で割ったあまり（0〜16）を 16 で割ると、i が増えるたびに 0〜1 を繰り返す**という計算と考え方は同じです。1 秒間に 1000 ずつ増える値（passedTime）を 1000 で割ったあまり（0〜999）を 999 で割ると、par2 は時間が増える **1 秒毎に 0〜1 を繰り返す**値になります。ちなみにこの理屈で考えると、例えば、

```
let par2 = ((passedTime % 2000) / 1999);
```

とすると、2 秒毎に 0〜1 を繰り返すようになります。
これで、1 秒間で 0〜1 を繰り返す値ができたので、先ほどと同様に次の

```
par2 = par2 * unitSize/2;
```

で、●の半径を反映させて、par2 の値を更新しています（26 行目）。これで par2 は 1 秒毎に 0〜unitSize/2 を繰り返す値になりました。
これをそのまま先ほどの hankei に加算してもいいのですが、単純に加算して、

```
hankei = hankei+par2;
```

とすると、せっかく各々で区切った●の領域を出てしまってあまり美しくありません。

領域を出る●

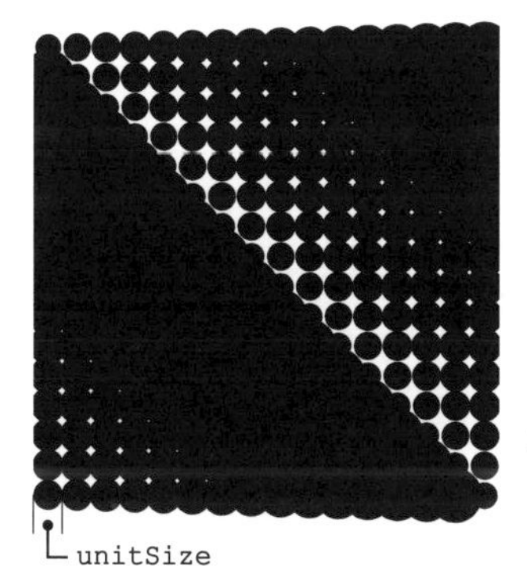

●の半径を hankei+par2 にすると、
hankei が 0〜unitSize/2、
par2 も 0〜unitSize/2 の値をとるので
hankei+par2 は 0〜unitSize の値をとり、
●のエリアよりはみでてしまう

そこで、今回はこの hankei の増加そのものにも **% を利用した値の繰り返し**を活用しました（27 行目）。

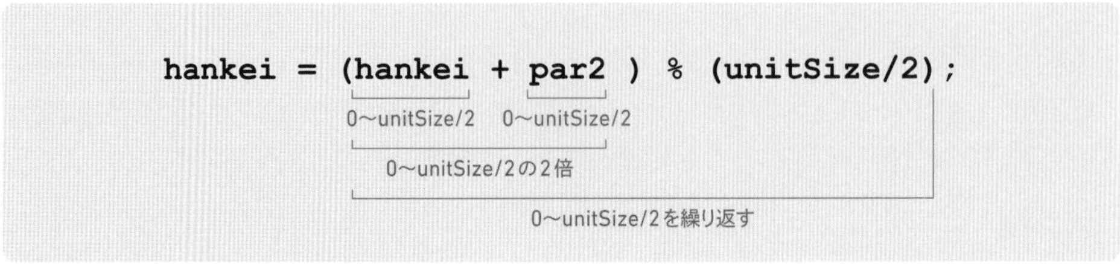

```
hankei = (hankei + par2 ) % (unitSize/2);
```


もともとのhankeiはiの値によって0〜unitSize/2の値をとっています。またpar2は時間の値によって同じ0〜unitSize/2の値をとります。したがってこの2つの値が加算されたhankei+par2は最小は0、最大はunitSize/2 + unitSize/2、つまり本来とるべき値の●の半径（unitSize/2）の2倍になってしまいます。そこで、この値をunitSize/2で割ったあまりを計算することで、**unitSize/2という値を単位とした繰り返し**が実現されます。

このように、数値や数式を使って計算でグラフィックを作成する場合、**%を利用した値の繰り返し**と**変化する値を0〜1の範囲にまとめる**ことはとてもよく出てきます。覚えておくととても便利です。

3-5 色を変える

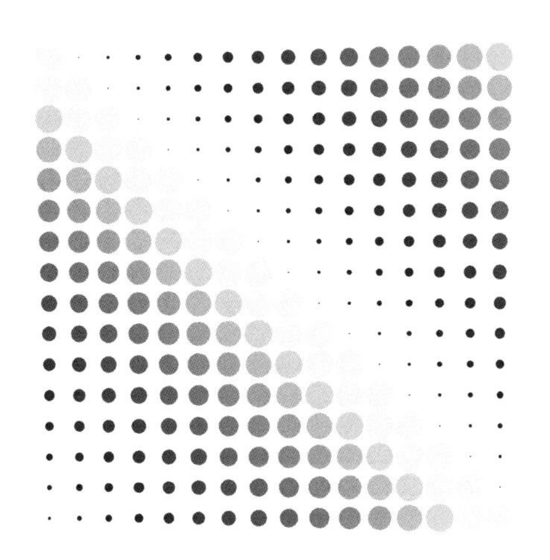

Sample 3-5 Motion sample ► https://furukatics.com/dm/s/ch3-5/

最後に●の色を変えてみましょう。●が大きくなるにつれて色が薄く（白く）なります。

// ソースコードの変更点 //

ch 3_5

```
10: function loop(){   //常時実行される
  ⋮
26:     hankei = (hankei+par2) % (unitSize/2);
27: ❶ 色の計算と設定
28:     let parC = hankei / (unitSize/2) * 255;
29:
30:     ctx.fillStyle = "rgb("+parC+", "+parC+", "+parC+")";
```

❶ 色の計算と設定

この色の変化にもこれまでに扱った**変化する値を0〜1の範囲にまとめる**仕組みを利用しています。まず、塗り色を変えるので`fillStyle`を活用します（30行目）。

```
ctx.fillStyle = "rgb(赤成分, 緑成分, 青成分)";
```

と書くことで、それ以降の描画はその色で塗られます。*Sample 2-5* でも解説しましたが、少し補足します。この命令は文字列や " " で囲んでおこないます。赤成分、緑成分、青成分にはそれぞれ 0〜255 の値を設定し、いわゆる加法混色で色を作ります。例えば、

```
ctx.fillStyle = "rgb(255, 0, 0)";
```

と書くと、赤成分が 100% でそれ以外が 0 なので、真っ赤、

```
ctx.fillStyle = "rgb(255, 255, 255)";
```

と書くと、全成分が 100% なので白になります。
ちなみに、ソースコードでは parC という**数値（変数）**を設定するので、"rgb(" の段階で一旦文字列を閉じて、parC という数値を文字列として + で付け加え、次に "," という文字列を付け加え、また parC という数値を文字列として付け加え……ということをしています。このようにすることで、例えば parC に 23 という数値が入っていた場合、

```
ctx.fillStyle = "rgb("+parC+", "+parC+", "+parC+")";
```

は、

```
ctx.fillStyle = "rgb(23, 23, 23)";
```

と書いたことと同じことになります。

ここで、色の変化の仕組みを解説します。この *Sample 3-5* の●の 1 つに注目してみると、●が小さい時は黒、大きくなるにつれて白くなります。数値的には、●の半径が 0 の時は黒、半径が最大値（unitSize/2）の時は白になります。
これを計算式で表したものが以下の式です（28 行目）。

```
let parC = (hankei / (unitSize/2)) * 255 ;
```

0〜unitSize/2
0〜1
0〜255

まずそれぞれの●の半径（hankei）は0〜unitSize/2の範囲で変化します。そして、それを●の最大半径（unitSize/2）で割ると、0〜1の範囲で変化します。ここで**変化する値を0〜1にまとめて**います。色の最大値は255なので、これに255をかけると、0〜255の範囲で変化することになり、このparCをfillStyleのそれぞれの成分の値に設定することで、●が大きくなるにつれて白くなるというグラフィックが完成します。

ONE POINT

new Date( ).getTime( )はなぜ1970年1月1日から計算されるのか?

new Date( ).getTime( )は「1970年1月1日00:00:00」からの経過ミリ秒を返します。この日付は何に由来しているのでしょうか？

この日付はエポック（Epoch）と呼ばれます。

コンピュータが一般の人に普及し始めた1970年代初頭（一般と言っても個人ではなく大学や企業が主ですが）、そのコンピュータではUNIXというシステムが使われていました。

その頃のUNIXは、60Hz（1秒間に60回の計算をする）の仕組みになっていて、コンピュータの時間の単位は60分の1秒を基本としていました。また、その頃のUNIXは最大で2の32乗（=4,294,967,296、32ビット）の数値が扱えました。60分の1秒つまり1秒間に60回とすると、この2の32乗（=4,294,967,296）は

4,294,967,296 ÷ 60 = 約71,582,788秒

となり、これは約829日分を表します。つまり、その頃のUNIXでは829日分については時間のことを考えることができました。

そこで、このUNIXのシステムが作られたのが1971年であったため、そこから以前で829日以内のキリがいい日付である1971年1月1日00:00:00をエポックとして、そこからの経過時間をエポック秒としました。

しかし、そこからシステムが進化して、60Hzという壁が取り払われ、先ほどの2の32乗を60分の1秒ではなく1秒を単位として扱うことになりました。そこで、2の32乗を符号付きデータ（+−が扱えるデータ。1ビットを符号用、残り31ビットを数値として扱う）として考えて、実際には2の31乗（=2,147,483,648）秒として考えた結果、約68年分が扱えることになりました。

829日以内という必要性もなくなったので、さらにキリがいい「1970年1月1日00:00:00」をエポックとして再設定することになりました。これが、現在の仕様です。

ただ、この仕様も、1970年1月1日の68年後、つまり2038年1月19日にはその数値が扱えなくなります。つまり、それ以降は同じソースコードを実行しても1901年12月13日（1970年の68年前）に折り返される計算がなされるようになります。本書をはじめ、エポック秒を組み込んだプログラミングは世界中に多くあり、これは「2038年問題」とも言われています。

Chapter 4

互い違い

Alternate

先ほどの「繰り返し」を利用して、青海波(せいがいは)を使った「波」を描いてみましょう。この作品も一見、とても複雑ですが単純な仕組みがいくつも重なることによって、複雑に見えています。ここでもその単純な仕組みを順番に解説していきます。

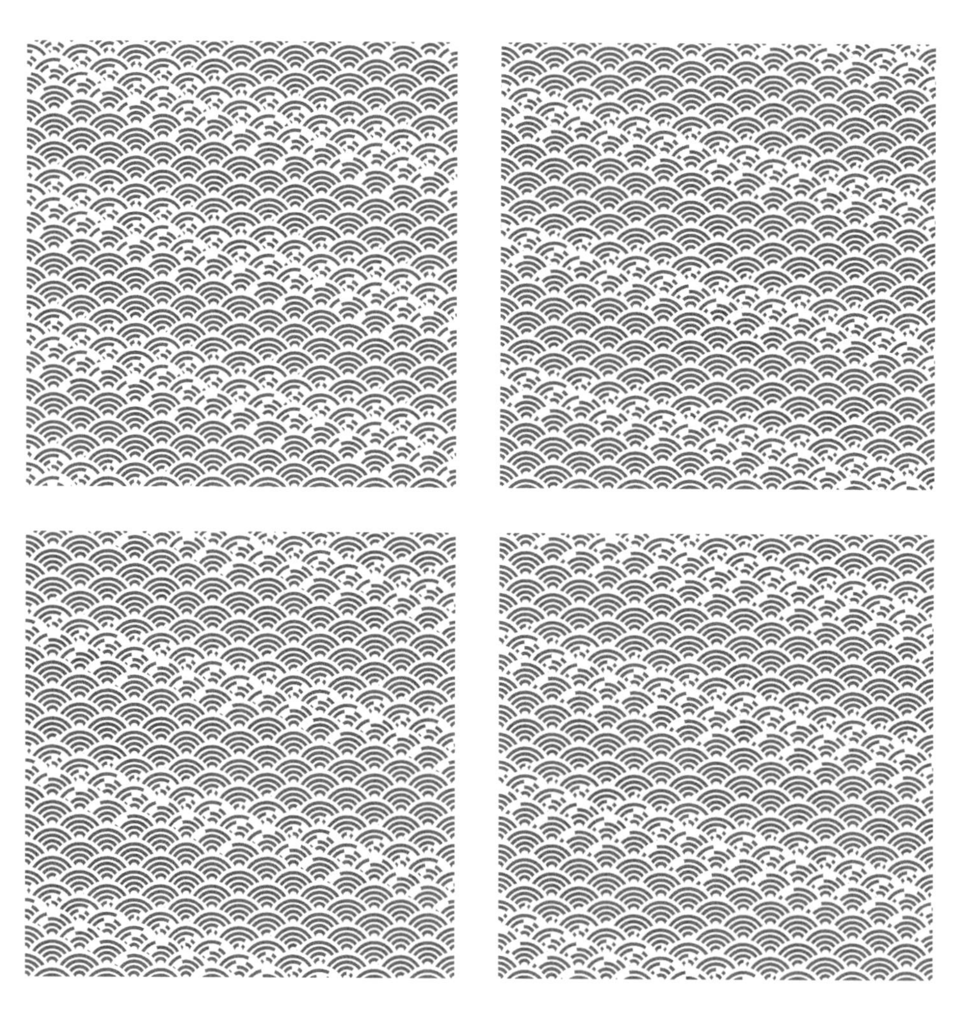

Motion sample ► https://furukatics.com/dm/s/ch4-8/

4-1 ○を並べる

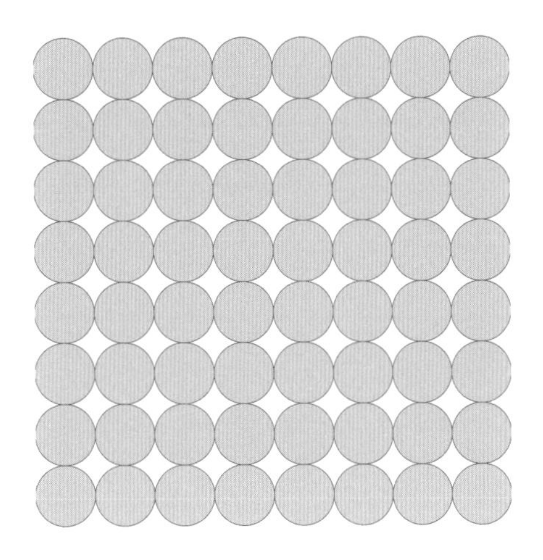

Sample 4-1

// ソースコード //

ch 4_1

```
 1: ❶変数の宣言
 2: let unitKazu = 8;
 3:
 4: let unitYokoKazu = unitKazu;
 5: let unitTateKazu = unitKazu;
 6: let unitSize, offsetX, offsetY;
 7:
 8: function setup(){ //最初に実行される
 9: ❷○の大きさ、余白の計算
10:   unitSize = Math.min(screenWidth, screenHeight)/unitKazu;
11:   offsetX = screenWidth/2 - (unitKazu*unitSize)/2;
12:   offsetY = screenHeight/2 - (unitKazu*unitSize)/2;
13: }
14:
```

```
15: function loop(){   //常時実行される
16:   for(let i=0; i<unitTateKazu*unitYokoKazu; ++i){
17: ❸ 位置の計算
18:     let tateNum = parseInt(i / unitYokoKazu);
19:     let yokoNum = i % unitYokoKazu;
20:     let x = offsetX + unitSize*yokoNum + unitSize/2;
21:     let y = offsetY + unitSize*tateNum + unitSize/2;
22: ❹ ○の半径
23:     let hankei = unitSize/2;
24: ❺ 描画
25:     ctx.fillStyle = "rgb(255, 220, 220)";
26:     ctx.strokeStyle = "red";
27:     ctx.beginPath();
28:     ctx.arc(x, y, hankei, 0, Math.PI*2, true);
29:     ctx.fill();
30:     ctx.stroke();
31:   }
32: }
33:
34: function touchStart(){   //タッチ（マウスダウン）されたら
35:
36: }
37:
38: function touchMove(){ //指が動いたら（マウスが動いたら）
39:
40: }
41:
42: function touchEnd(){   //指が離されたら（マウスアップ）
43:
44: }
```

まず、基本的な青海波を描きます。これは以下のような順番で考えます。

青海波の考え方

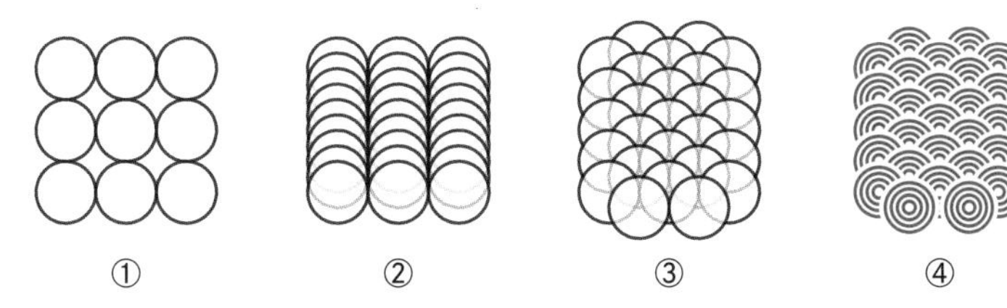

① 波の単位となる○を縦横に繰り返して並べる
② 縦の間隔を青海波に合うように詰める
③ 行ごとに互い違いにする
④ 各○に波の模様（青海波）を描く

この *Sample 4-1* ではまず、**① 波の単位となる○を縦横に繰り返して並べる**ことを考えてみましょう。

❶ 変数の宣言　❷ ○の大きさ、余白の計算　❸ 位置の計算　❹ ○の半径

考え方は *Chapter 3* と同じです。ただし今回は、○の横と縦の数が最終的に異なるので、全体の○の数として最初に、unitKazu の値を 8 にして（2 行目）、次に

```
let unitYokoKazu = unitKazu;
let unitTateKazu = unitKazu;
```

として、あえて○の横と縦の数を分けて管理しています（4、5 行目）。ただし、この *Sample 4-1* では縦横に 8 個並べるので、今は同じ数値です。
それ以外の位置や半径の計算は、*Sample 3-2* とほとんど同じです。

❺ 描画

描画についてもほとんど同じですが、今回は塗りを薄い赤色（rgb(255, 220, 220)）、枠を赤色（red）にして（25、26 行目）、塗って（29 行目）、枠を描いています（30 行目）。

4-2 縦方向に詰める

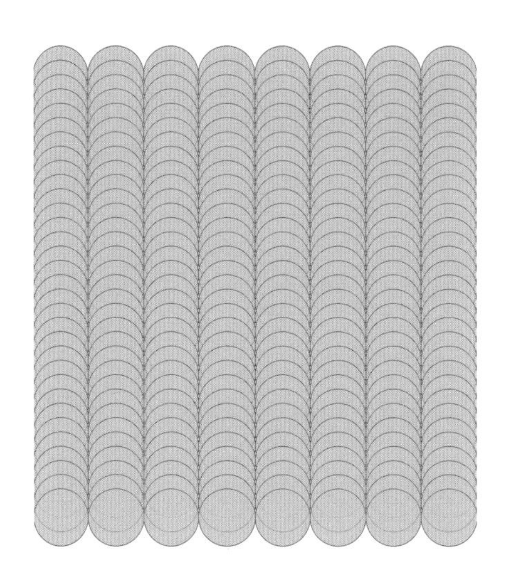

Sample 4-2

次に、縦の間隔を青海波に合うように詰めます。

// ソースコードの変更点 //

ch 4_2

```
 1: let unitKazu = 8;
 2:
 3: et unitYokoKazu = unitKazu;
 4: ❶ 縦に並ぶ数を4倍にする
 5: let unitTateKazu = unitKazu*4;
  ⋮
14: function loop(){   //常時実行される
  ⋮
18:     let x = offsetX + unitSize*yokoNum + unitSize/2;
19: ❷ 縦に並ぶ位置を 1/4 に詰める
20:     let y = offsetY + (unitSize/4)*tateNum + unitSize/2;
  ⋮
```

```
24:  ❸ 塗りの色を薄ピンク色にする
25:      ctx.fillStyle = "rgba(255, 220, 220, 0.7)";
26:      ctx.strokeStyle = "red";
```

次の図は青海波を分解したものです。

青海波の分解

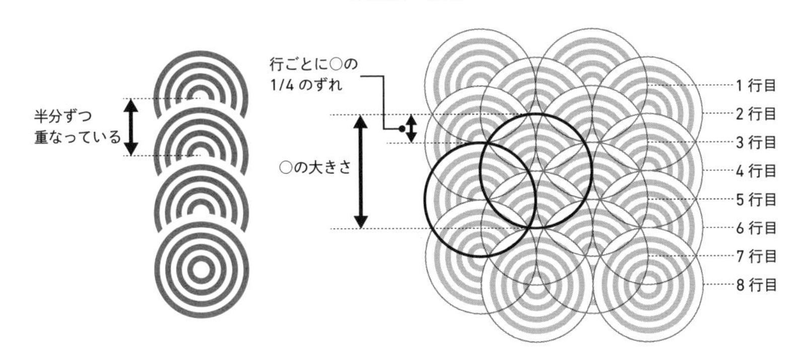

縦方向に見ると、同じ列には半分ずつ重なった○、それが縦に互い違いに順番に並んでいるので、結果的にそれぞれの行は 1/4 ずつずれます。この **1/4 ずらした**ものが *Sample 4-2* です。（次の *Sample 4-3* で左右に互い違いにします）

❶ 縦に並ぶ数を 4 倍にする

縦方向に 1/4 ずつずらすので、結果的に○の全体の数は 4 倍になります。そこで、○の縦に並ぶ数 unitTateKazu を基準になる unitKazu（8）の 4 倍、すなわち 32 個にしています。

❷ 縦に並ぶ位置を 1/4 に詰める

そして、実際に描画する位置を前回の式、

```
let y = offsetY + unitSize*tateNum + unitSize/2;
```

から

```
let y = offsetY + (unitSize/4)*tateNum + unitSize/2;
```

にして、1/4 に詰めています。つまり、○の大きさ（unitSize）を tateNum 個並べるのではなく、○の大きさの 1/4 を tateNum 個並べます。これで、ぴったりとした間隔で敷き詰められていた○が、縦方向に1/4の間隔で詰められます。

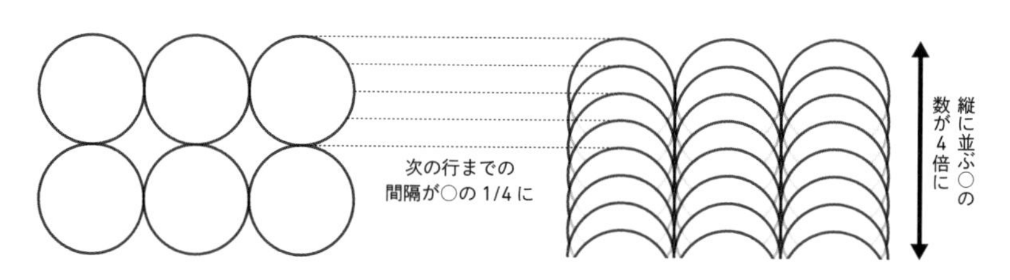

❸ 塗りの色を薄ピンク色にする

また、塗る色のアルファ値（透明度）を 0.7 に設定して、透けて見えるので、重なった部分もどのように詰められたのかがわかります。

4-3 互い違いに配置する

Sample 4-3

1/4に詰めた○の、奇数行を○の半分だけ左にずらすとそれぞれの○が青海波の位置になります。

ソースコードの変更点

ch4_3

```
 1: let unitKazu = 8;
 2: ❷ 横に並ぶ個数を1つ増やす
 3: let unitYokoKazu = unitKazu+1;
 4: ❹ 縦に並ぶ個数を1つ増やす
 5: let unitTateKazu = unitKazu*4+1;
 6: let unitSize, offsetX, offsetY;
 7:
 8: function setup(){ //最初に実行される
 9:   unitSize = Math.min(screenWidth, screenHeight)/unitKazu;
10:   offsetX = screenWidth/2 - (unitKazu*unitSize)/2;
```

```
11: ❸ 全体の縦の位置を1/4 だけ上にあげる
12:   offsetY = screenHeight/2 - (unitKazu*unitSize)/2 -
              unitSize/4;
13: }
14:
15: function loop(){  //常時実行される
 :
20: ❶ 奇数行の○の位置を大きさの半分だけずらす
21:     if(tateNum % 2 == 1)  x -= unitSize/2;
22:     let y = offsetY + unitSize/4*tateNum + unitSize/2;
```


❶ 奇数行の○の位置を大きさの半分だけずらす

奇数行の○をずらす

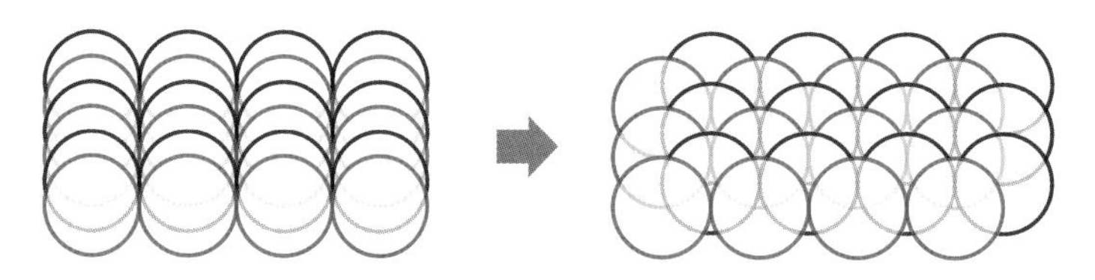

上の図のように、○の奇数行だけ左に半分ずらす、つまり1行ごとに互い違いにすると青海波の位置になります。
tateNumには、○の上から何個目（何行目）かの値が入っています。その値を2で割ったあまりが1だったら、奇数行目なので、○の横位置（x）を○の大きさの半分（unitSize/2）だけ減らして左にずらします。

❷ 横に並ぶ個数を1つ増やす

ずらすことで青海波の位置になりますが、それだけだと実は次の図のように余白や足りない部分ができてしまいます。

余白と足りない部分

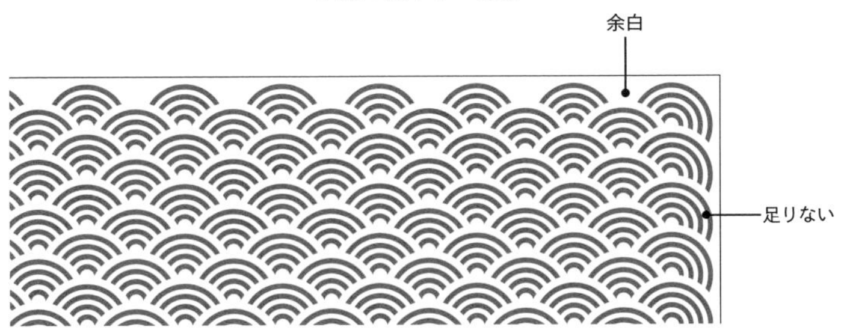

これは奇数行だけ左にずらし、そもそも○は上部にぴったりと接したところから描いているからです。そこで、まず、横の数を１つ増やして、横の足りない部分を補いました。

❸ 全体の縦の位置を 1/4 だけ上にあげる　❹ 縦に並ぶ個数を１つ増やす

先ほども述べましたが、この作品は一番上の○が自身のエリアの上の辺にぴったりと接するように描かれているので、一番上に余白ができてしまいます。そこで、先ほどの *Sample 4-2* では

```
offsetY = screenHeight/2 - (unitKazu*unitSize)/2;
```

だったものを、

```
offsetY = screenHeight/2 - (unitKazu*unitSize)/2 - unitSize/4;
```

のように、○の１/４のサイズ（unitSize/4）だけ上にずらす、つまり青海波での縦方向の１個分をずらして、余白を埋めました（12 行目）。しかし、横の場合と同じで、上にずらすと下に足りない部分ができるので、縦に並ぶ数を１つ増やします（5 行目）。

4-4 青海波を描く

Sample 4-4

○の位置が決まったので、その中に複数の円を描いて青海波を完成させましょう。

青海波のパーツ

// ソースコードの変更点 //

ch 4_4

```
13: function loop(){  //常時実行される
14:   for(let i=0; i<unitTateKazu*unitYokoKazu; ++i){
```

```
  ⋮
21:     let hankei = unitSize/2;
22: ❶ 下地を白く塗りつぶす
23:     ctx.fillStyle = "white";
24:     ctx.beginPath();
25:     ctx.arc(x, y, hankei, 0, Math.PI*2, true);
26:     ctx.fill();
27: ❷ 4個の赤い円の描画
28:     ctx.lineWidth = hankei/9;
29:     ctx.strokeStyle = "red";
30:     for(let j=1; j<5; ++j){
31:       ctx.beginPath();
32:       ctx.arc(x, y, hankei/5*j, 0, Math.PI*2, false);
33:       ctx.stroke();
34:     }
```


Sample 4-3 からは円の描画の部分だけが変わりました。○の部分に4重の赤い円を描きます。

❶ 下地を白く塗りつぶす

まず、○の部分を白く塗りつぶしています（23〜26行目）。これで下地が真っ白になります。

❷ 4個の赤い円の描画

白くなった下地の上に赤い円を4個描いています（28〜34行目）。まず、この青海波は白い部分と赤い部分を考えると9本の線から成っているので赤い線の太さを半径の1/9にします（28行目）。

赤い線の太さ

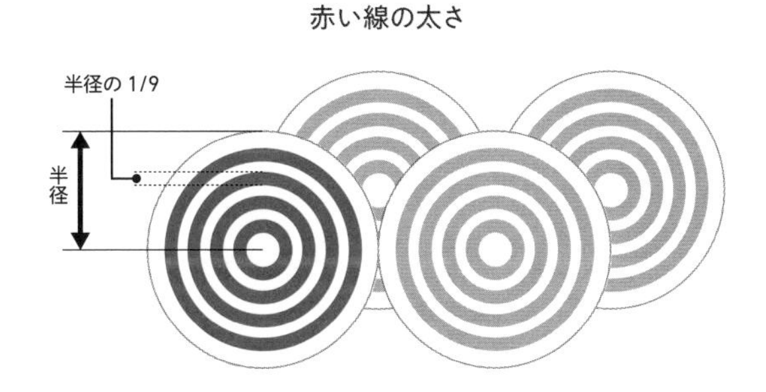

次に線の色を赤色にして（29行目）、for文を使って、4個の円を描きます（30〜34行目）。まず、

```
for(let j=1; j<5; ++j){
```

で、j を 1 から 4 まで 1 ずつ増やしながら for 文内を繰り返します。j に対応した線の番号は 0 を中心として考えて、次の図のようになっています。

線の番号と赤い円の半径

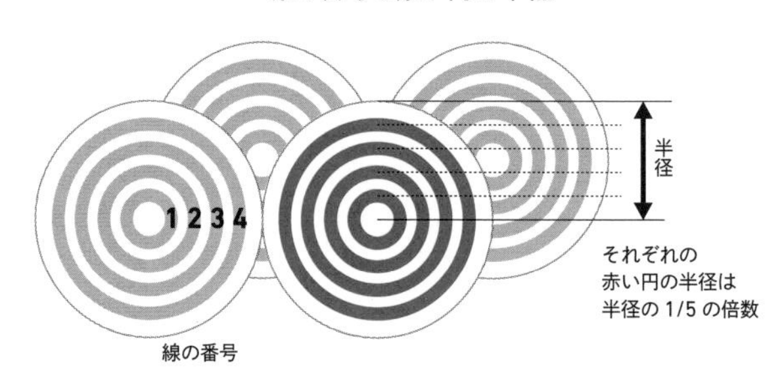

それぞれの半径は下地の白い○の半径（hankei）の 1/5 の倍数になります。それを計算して描いたものが 32 行目の、

```
ctx.arc(x, y, hankei/5*j, 0, Math.PI*2, false);
```

です。j は 1、2、3、4 となるので、描かれる円の半径は、
j=1 のときは、hankei/5*1 で○のエリアの 1/5 の半径で赤い円が描かれ
j=2 のときは、hankei/5*2 で○のエリアの 2/5 の半径で赤い円が描かれ
j=3 のときは、hankei/5*3 で○のエリアの 3/5 の半径で赤い円が描かれ
j=4 のときは、hankei/5*4 で○のエリアの 4/5 の半径で赤い円が描かれる
となります。

4-5 波を作る

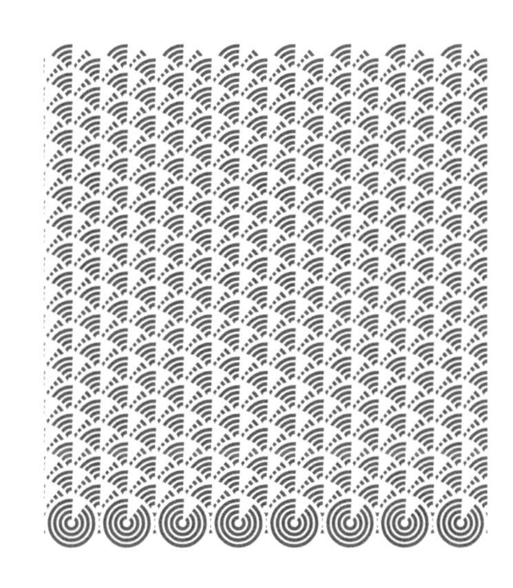

Sample 4-5 Motion sample ► https://furukatics.com/dm/s/ch4-5/

青海波のそれぞれの○を回転して、新たな**波**を作りましょう。
これは３段階で考えます。

波の考え方

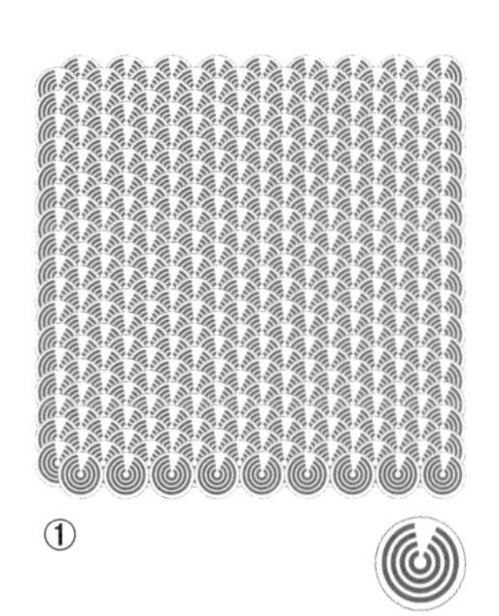

①

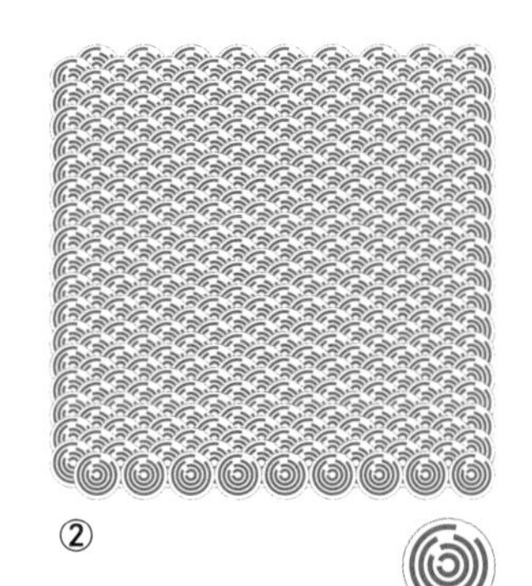

②

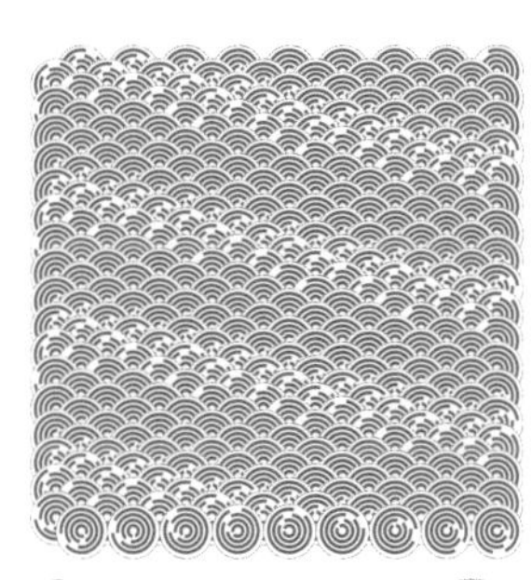

③

① 回転がわかるように、赤い円の一部分を消して○全体を回す
② それぞれ円の消す部分を少しずつずらし、個々の○を「波」の表現にする
③ ○の場所によって回転のタイミングをずらし、全体として「波」の表現にする

まず、ここでは **①回転がわかるように、赤い円の一部分を消して○全体を回す** ことを考えてみましょう。

// ソースコードの変更点 //

ch 4_5

```
13: function loop(){   //常時実行される
14: ❶時間の取得
15:   let passedTime = new Date().getTime();
16: ❷画面の消去
17:   ctx.clearRect(0, 0, screenWidth, screenHeight);
 ⋮
26:     let hankei = unitSize/2;
27: ❸回転角度の計算
28:     let kakudoA = ((passedTime % 3000) / 3000)*Math.PI*2;
 ⋮
38: ❹1箇所が欠けた円の描画
39:       ctx.arc(x, y, hankei/5*j, kakudoA+0, kakudoA+
              ( Math.PI*2 - Math.PI*2 / 10 ), false);
40: ctx.stroke();
```

❶ 時間の取得

Chapter 3 でもやった**経過時間**から**回転**を考えます。passedTime には 1970 年 1 月 1 日からの経過ミリ秒が入ります。

❷ 画面の消去

動きつまりアニメーションとして見せるために、loop の最初の方で画面を全消去します。

❸ 回転角度の計算

取得した時間情報 passedTime から回転角度 kakudoA を計算します。**3 秒で 1 回転**します。

```
let kakudoA = ((passedTime % 3000) / 3000)*Math.PI*2;
```


passedTime % 3000で、3000ミリ秒単位で考えたときの経過ミリ秒（3秒ごとに0〜3000が繰り返される）が計算されます。それを3000で割ると、3秒ごとに0〜1を繰り返します。ここでも、*Chapter 3*に出てきたように、数値の変化を**0〜1**の間にまとめています。
この**3秒ごとに0〜1を繰り返す値**に1周を表すMath.PI*2をかけるとkakudoAは**3秒ごとに1周**します。

❹ 1箇所がかけた赤い円の描画

まず、1箇所を消します。これは

```
( Math.PI*2 - Math.PI*2 / 10 )
```

で処理しています。(Math.PI*2-Math.PI*2/10)というのは1周（2π）から36度（2π/10）を引いた324度のことを表しています。
今までは円を描くのに、

```
ctx.arc(x, y, hankei/5*j, 0, Math.PI*2, false);
```

として、0〜Math.PI*2まで1周の円を描いていました。これを

```
ctx.arc(x, y, hankei/5*j, 0, (Math.PI*2-Math.PI*2/10), false);
```

のように、1周することなく1箇所が欠けた円（324度の円）が描かれます。**36度**の理由は次の***Sample 4-6***で解説します。
ちなみに、この(Math.PI*2-Math.PI*2/10)は簡素化して(Math.PI*2*(9/10))や(Math.PI*1.8)と記述してももちろん構いません。しかし、計算はコンピュータがやってくれるので、根拠となる計算式は残しておいた方が、人間側がわかりやすいのであえて書いています。

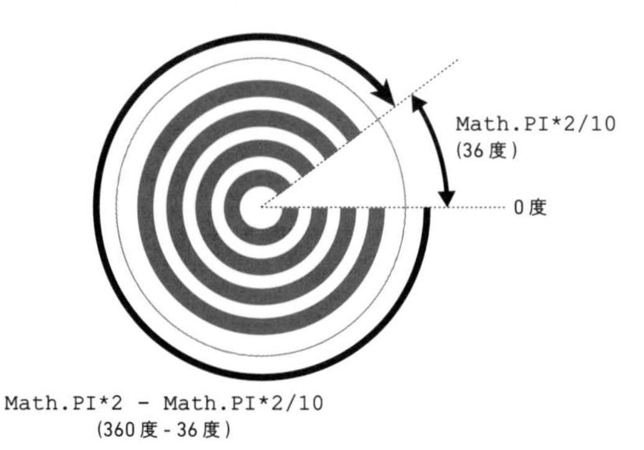

このようにして1箇所が欠けた円を描いた上で、

```
ctx.arc(x, y, hankei/5*j, kakudoA+0, kakudoA+
        (Math.PI*2-Math.PI*2/10), false);
```

として、描画する円の開始角度と終了角度それぞれに3秒ごとに1周するkakudoAを加算します。すると開始角度と終了角度がそれぞれ3秒ごとに1周します。(開始角度をkakudoA+0と書いていますが、これは解説するための便宜上のもので、もちろんkakudoAだけで構いません)

これで、1箇所が欠けた赤い円全体が3秒ごとに1周します。

4-6 波の角度をずらす

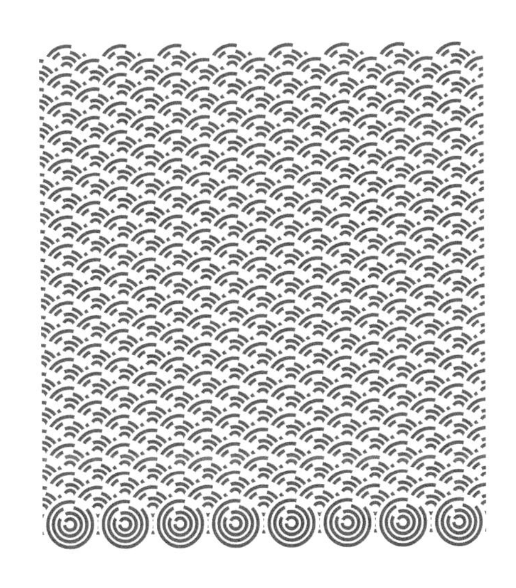

Sample 4-6 Motion sample ► https://furukatics.com/dm/s/ch4-6/

1箇所に揃っていた**欠けた箇所**を少しずつ**ずらし**ます。

// ソースコードの変更点 //

ch 4_6

```
13: function loop(){   //常時実行される
  ⋮
35:     for(let j=1; j<5; ++j){
36: ❶ ずれの角度の計算
37:         let kakudoC = Math.PI/5*j;
38:         ctx.beginPath();
39: ❷ 描画
40:         ctx.arc(x, y, hankei/5*j, kakudoA+kakudoC+0, kakudoA+
                    kakudoC+(Math.PI*2-Math.PI*2/10), false);
41:         ctx.stroke();
42:     }
```

欠けた箇所をずらす

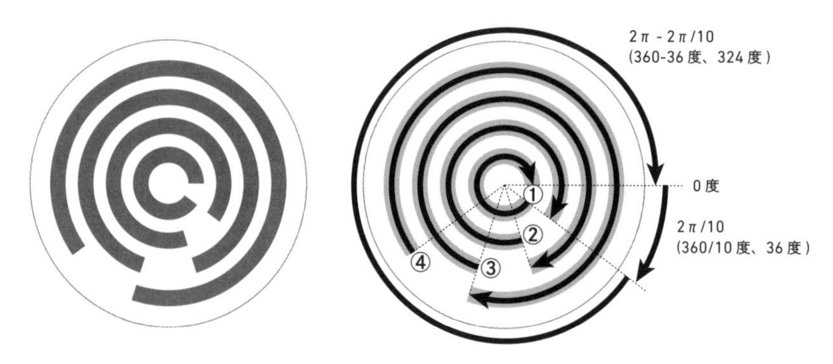

4本ある赤い円を36度（Math.PI*2/10）ずつずらしています。
例えば1本目（1番内側の赤い円①）は、0度を基準に考えると、0～36度が空いています。すなわち36～360度が描かれています。2本目（②）は①から36度ずれて36～72度が空いています。このようにずらすと、波に抑揚がついて見えるので、開きを36度にしました。

❶ ずれの角度の計算

まず、それぞれの**ずれ**を計算します。
for文（35行目）の中ではjは1、2、3、4の値をとります。したがって、360度（Math.PI*2）を10等分した36度にjをかけると、kaudoCは
j=1のときは、Math.PI*2/10*1で36度
j=2のときは、Math.PI*2/10*2で72度
j=3のときは、Math.PI*2/10*3で108度
j=4のときは、Math.PI*2/10*4で144度
になります。

❷ 描画

このようにして計算した**ずれ**の角度kakudoCを描画の際に加算すると、欠ける部分がずれた赤い円が描かれます。

4-7 それぞれの波をずらす

Sample 4-7 Motion sample ► https://furukatics.com/dm/s/ch4-7/

個々の場所によって、○の回転のタイミングをずらして波を表現します。

// ソースコードの変更点 //

ch 4_7

```
13: function loop(){   //常時実行される
  ⋮
18:   for(let i=0; i<unitTateKazu*unitYokoKazu; ++i){
  ⋮
27:     let kakudoA = ((passedTime % 3000) / 3000)*Math.PI*2;
28: ❶ 個々のずれの計算
29:     let kakudoB = (i % (unitYokoKazu+1))/unitYokoKazu *
                     Math.PI*2;
  ⋮
40: ❷ 描画
41:       ctx.arc(x, y, hankei/5*j, kakudoA+kakudoB+kakudoC+0,
                kakudoA+kakudoB+kakudoC+
```

```
                        (Math.PI*2-Math.PI*2/10), false);
42:         ctx.stroke();
43:       }
44:   }
```

個々の○は for 文で描かれていて（18〜44 行目）、i 番目という番号で管理されています。この順番の番号 i からそれぞれの**ずれた角度**を計算します。

❶ 個々のずれの計算

まず、個々の○のずれた角度 kakudoB を変数 i を使って計算します。これは、**横に並んでいる○の数より1つ多い数**を周期としています。

ずれた角度の仕組み

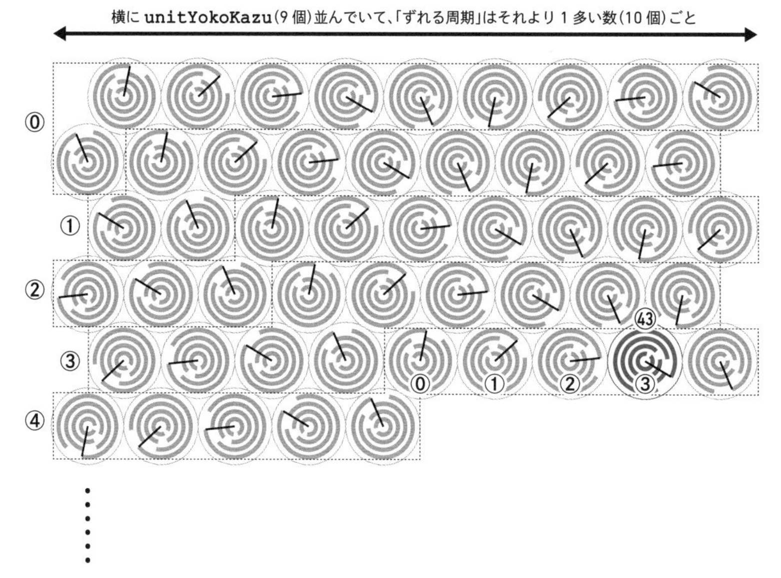

上の図では解説の便宜上、それぞれの円が重ならないように縦方向にずらして描いていますが、並ぶ順番は同じです。

これは *Chapter 3* でも同じようなことをおこないました。現在、○は横に unitYokoKazu（9）個並んでいます。そこで**ずれる周期**をそれよりも1つ多い数（10）にすると、微妙にずれた波が出来ます。

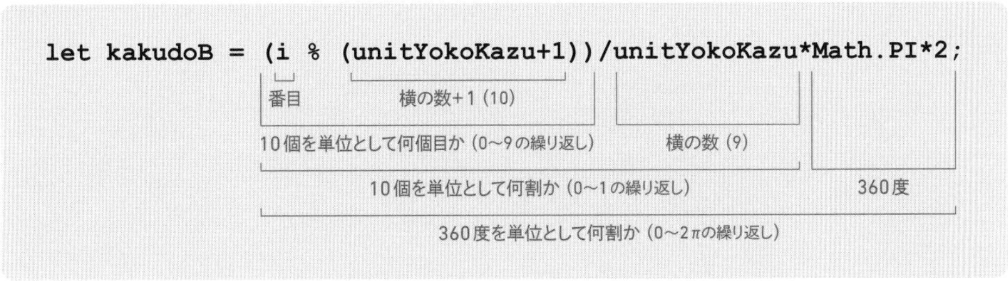

```
let kakudoB = (i % (unitYokoKazu+1))/unitYokoKazu*Math.PI*2;
```

番目
横の数+1 (10)
10個を単位として何個目か (0~9の繰り返し)
横の数 (9)
10個を単位として何割か (0~1の繰り返し)
360度
360度を単位として何割か (0~2πの繰り返し)

i % (unitYokoKazu+1) で、○の順番 i を、横に並んでいる○の数より1つ大きな数値で割ったあまり、すなわち10を単位として繰り返した場合、i はその10の中で何番目かを計算します。例えば、i が43の場合、i % (unitYokoKazu+1) は、43を10で割ったあまり、すなわち3となり、10を単位として繰り返した列の3番目（最初の番号は0）になります。

これで i % (unitYokoKazu+1) は i が増えるにしたがって、0、1、2……9の値が繰り返されます。次にその0から9までが繰り返される値を unitYokoKazu（9）で割って、**0~1**に値をまとめます。それに1周の値である2π（Math.PI*2）をかけて、**横に並んでいる○より1つ多い数ごとに1周する値**を kakaudoB に計算します。

❷ 描画

この kakudoB をこれまで計算した kakudoA（○自身の回転角度）や kakudoC（赤い丸ごとのズレの角度）と同様に加味すると、○の場所ごとにずれた**波**が描画されます。

4-8 トリミングする

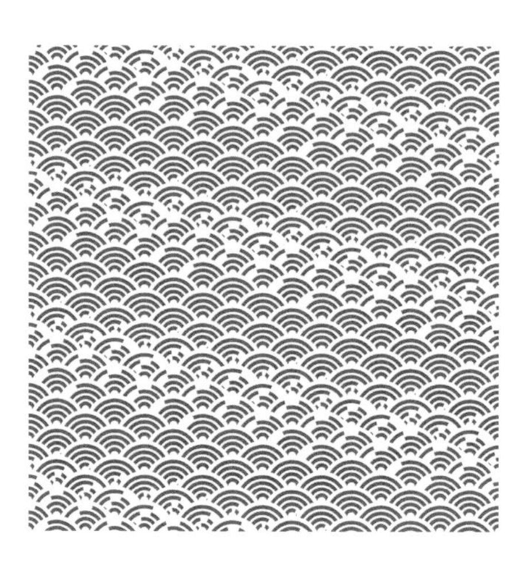

Sample 4-8 Motion sample ► https://furukatics.com/dm/s/ch4-8/

最後に、不要な部分を塗りつぶします。

// ソースコードの変更点 //

ch 4_8

```
13: function loop(){   //常時実行される
 ⋮
44: ❶ 不要な部分の塗りつぶし
45:   ctx.fillStyle = "white";
46:   if(screenWidth < screenHeight){
47: 画面が縦長の場合
48:     let ookisa = (screenHeight - screenWidth)/2;
49:     ctx.fillRect(0, 0, screenWidth, ookisa);
50:     ctx.fillRect(0, screenHeight-ookisa, screenWidth,
                   ookisa);
51:   }else{
```

```
52:  横長の場合
53:      let ookisa = (screenWidth - screenHeight)/2;
54:      ctx.fillRect(0, 0, ookisa, screenHeight);
55:      ctx.fillRect(screenWidth-ookisa, 0, ookisa, screenHeight);
56:    }
57:  }
```

これまでは次の図のように縦長でも横長でも**短い方の辺にぴったりと合うように**描かれていて、また余白の部分や足りない部分を補ったり移動したりしています。そこでできてしまう不要な部分を白く塗りつぶして正方形にしましょう。

不要な部分の塗りつぶし

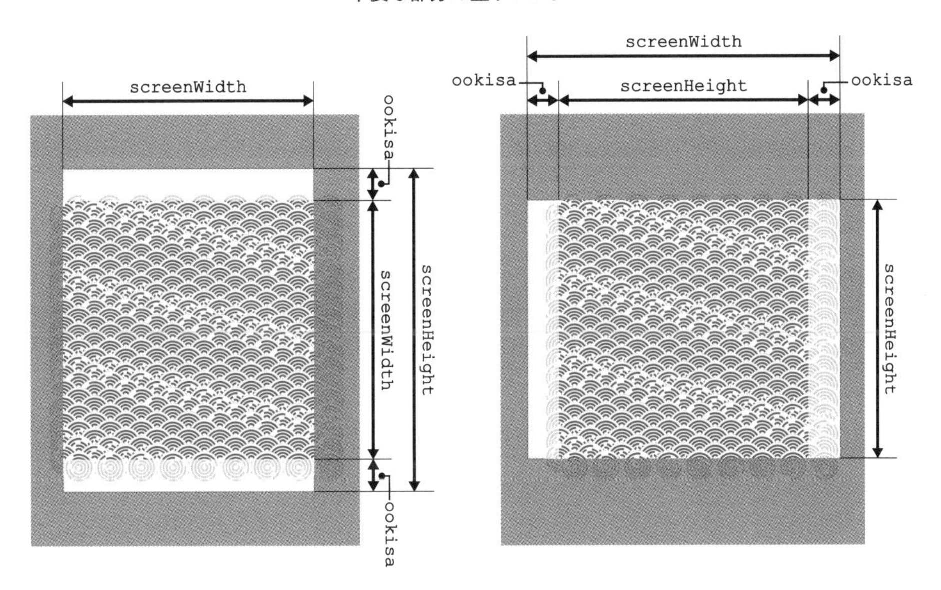

❶ 不要な部分の塗りつぶし

まず、塗りつぶす色を白にします（45行目）。そして、画面が縦長か横長かによって計算が若干変わってくるので場合分けをします（46、51行目）。縦長なら、画面の長方形から正方形を切り出す際の余白の高さ（ookisa）を計算します（48行目）。そして上下の余白を塗りつぶします（49、50行目）。それ以外の場合、つまり画面が横長の場合（51～56行目）も計算の考え方は同様です。余白の幅（ookisa）を計算して（53行目）、左右の余白を塗りつぶします（54、55行目）。

Chapter 5

三角関数

Trigonometric function

この作品は、sin、cos などの「三角関数」を使っています。これまで円を描くには JavaScript に用意されている arc 関数を使ってきました。ただ、arc は円を描けますが、「円周上の位置」は計算できません。円周上の位置は「三角関数」で計算します。これも、最初からこのグラフィックを描くのは複雑なので、順を追って解説していきます。

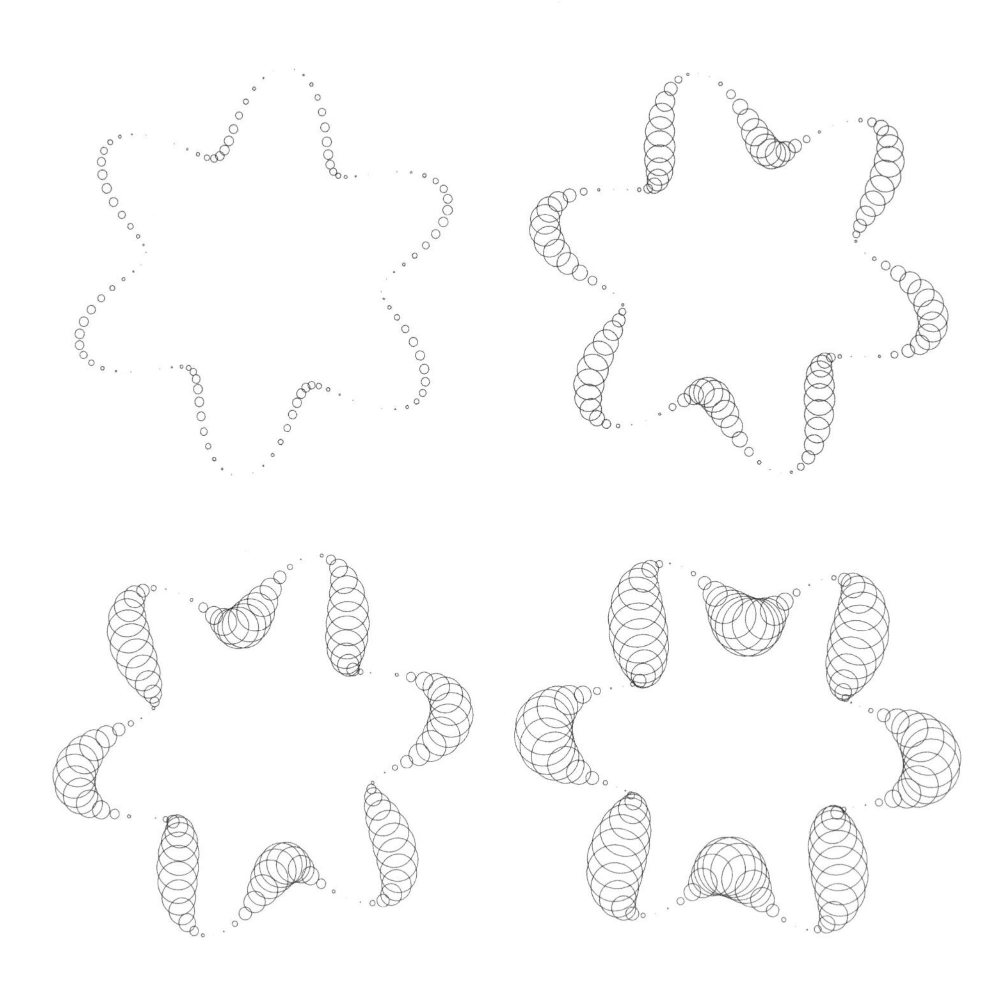

Motion sample ► https://furukatics.com/dm/s/ch5-6/

5-1 円周上に○を並べる

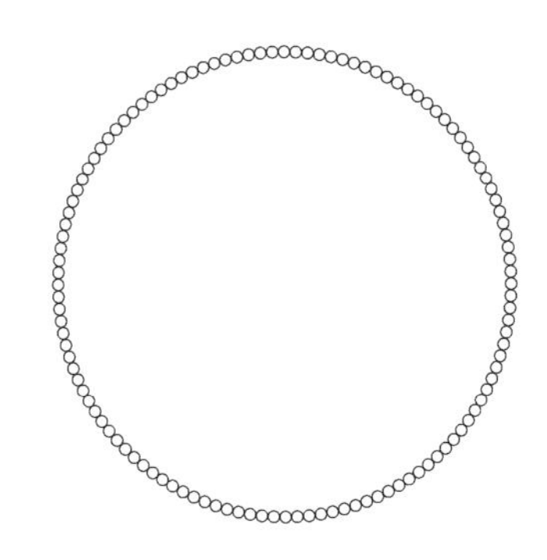

Sample 5-1

まず、sin、cos を使って、○を円周上に並べます。この○の位置計算に sin、cos を使います。

// ソースコード //

ch 5_1

```
 1: function setup(){ //最初に実行される
 2:
 3: }
 4:
 5: function loop(){   //常時実行される
 6: ❶ 0～360 度まで 3 度ずつ角度を回転
 7:   for(let i=0; i<360; i+=3){
 8: ❷ i 番目の○の角度の計算
 9:     let kakudo = i / 180 * Math.PI;
10: ❸ 円周の半径
11:     let hankei1 = 400;
12: ❹ ○の半径
13:     let hankei2 = 10;
```

```
14: ❺○の位置の計算
15:     let x = hankei1*Math.cos(kakudo) + screenWidth/2;
16:     let y = hankei1*Math.sin(kakudo) + screenHeight/2;
17: ❻1つずつ○を描画
18:     ctx.beginPath();
19:     ctx.arc(x, y, hankei2, 0, Math.PI*2, true);
20:     ctx.stroke();
21:   }
22: }
23:
24: function touchStart(){   //タッチ（マウスダウン）されたら
25:
26: }
27:
28: function touchMove(){ //指が動いたら（マウスが動いたら）
29:
30: }
31:
32: function touchEnd(){   //指が離されたら（マウスアップ）
33:
34: }
```

❶ 0〜360度まで3度ずつ角度を回転

for文を使ってiを0から360まで0、3、6、9……と3ずつ増やします（7行目）。このiの値を**角度**と捉えて、0から360まで3ずつ増えることを、0度から360度まで3度ずつ角度が増えると考えます。

❷ i番目の○の角度の計算

for文内の最初に、角度iとsin、cosを使って、○の円周上の位置を計算するための準備をします。まず、角度です。for文の中のiは単位が**度**なので、これをプログラミング上での角度の単位である**ラジアン値**に

$$\text{ラジアン値} = \text{度} \div 180 \times \pi$$

という変換式を使ってkakudoに変換しておきます。► Chapter 2-4 p. 030

❸ 円周の半径

○が並ぶ円周の半径（hankei1）を400にします。

❹ ○の半径

○の半径（hanakei2）を10にします。

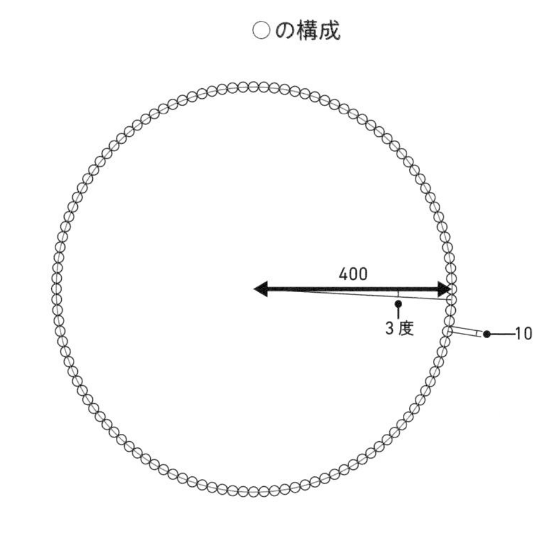

❺ ○の位置の計算

円周上の位置を三角関数で計算します。ここでまず**三角関数**について考えておきましょう。

sin と cos は三角関数と呼ばれ、次の図のように直角三角形での角度に対する辺の長さの比率を表すものです。

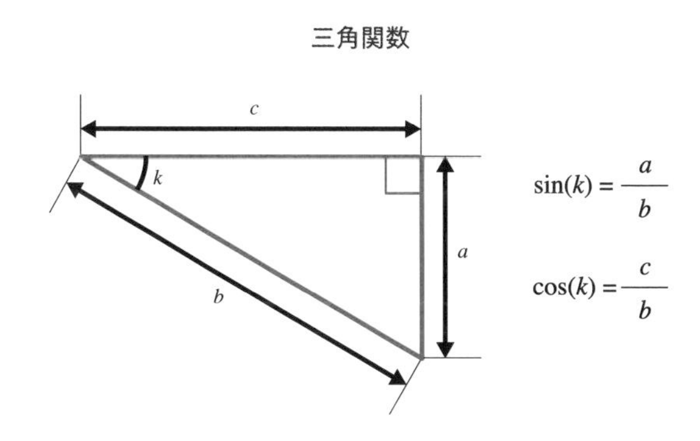

どのような大きさの直角三角形でも角度 k が決まればその辺の比率は一定です。例えば、k が30度の場合、a と b と c の長さの比率は必ず

$$a : b : c = 1 : 2 : \sqrt{3}\ (1.732...)$$

です。よって、sin(30度) は、$a/b = 1/2 = 0.5$、cos(30度) は、$c/b = \sqrt{3}/2 = 0.866...$ になります。

つまり sin、cos は単純に直角三角形の辺の比率を表しただけのものです。ただ、コンピュータは sin、cos を自動で計算してくれるのでそれをうまく活用すると、面白いことや便利なことができます。

この ***Sample 5-1*** では角度（kakudo）と半径（hankei1）が決まっています。それらからその円周上の位置は次の図のように、

$$x = 半径 \times \cos(角度)$$
$$y = 半径 \times \sin(角度)$$

で、計算されます。

三角関数の応用

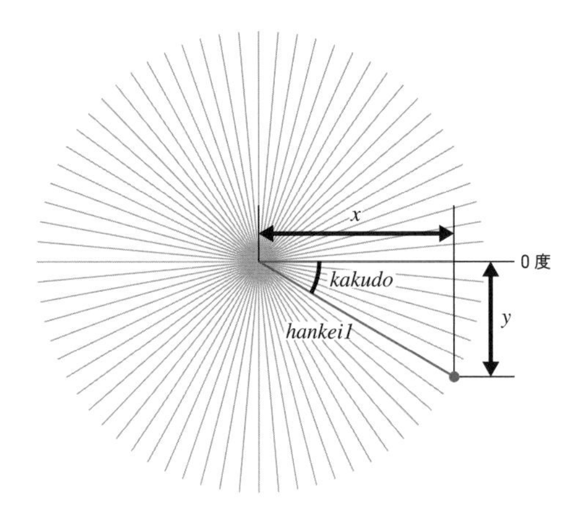

$\cos(kakudo) = \dfrac{x}{hankei1}$

つまり、両辺に *hankei1* をかけると

$x = hankei1 \times \cos(kakudo)$

$\sin(kakudo) = \dfrac{y}{hankei1}$

つまり、両辺に *hankei1* をかけると

$y = hankei1 \times \sin(kakudo)$

これを活用して、画面上の位置を計算します。ソースコードでは、

```
let x = hankei1 * Math.cos(kakudo) + screenWidth/2;
let y = hankei1 * Math.sin(kakudo) + screenHeight/2;
```

となっています（15、16 行目）。

よく見ると、上の円周上の位置の計算式が埋め込まれているのがわかるでしょう。ただ、画面上や

JavaScriptの都合があるので、数式を若干調整しています。
X座標の計算を見てみると、まず最初の

```
hankei1*Math.cos(kakudo)
```

は、JavaScriptではcosをMath.cosで表すので、

$$x = 半径 \times \cos(角度)$$

そのものです。
kakudoはfor文の中で、3度ずつラジアン値で増えていき、そのたびにこの計算でそれぞれ円周上の位置がx、yに算出されます。
これで基本的には円周上の位置が計算できますが、プログラミングでは最後にscreenWidth/2やscreenHeight/2を足しています。これは、sin、cosの計算は中心を(0, 0)を基準にしているので、画面の中央(screenWidth/2,screenHeight/2)を基準にするためにはその分加算しなくてはいけないからです。
つまり、これらの値を加算しなければ、次の図の左のように原点(0, 0)を基準にした円を描いてしまいます。そこで円の位置を画面の中央にずらすために、この数式全体に画面の中央の値分だけ加算します。

円を中央にずらす

そのままだと(0, 0)を
中心にした円を描いてしまう

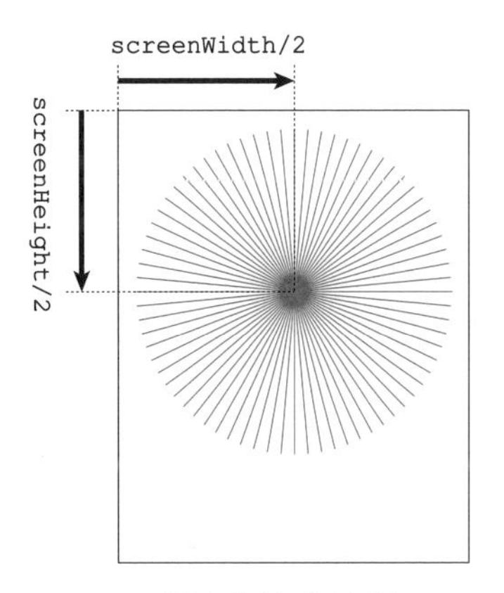

画面の中央にするために
横にscreenWidth/2
縦にscreenHeight/2
加算する(ずらす)

❻ 1つずつ○を描画

このようにして計算されたx、yの位置にhankei2（10）の半径で○を描くと、結果として半径がhankei1（400）の円周上に3度ずつ並んだ○が描かれます（18〜20行目）。

ONE POINT

螺旋と黄金比

この*Sample 5-1*のように半径を固定して、角度を3度ずつ変化させてsin、cosを使うと、きれいな円周の位置が計算されます。

この半径を固定せずに徐々に変化させると「螺旋」を描くことができます。左の図は最初の半径が0、3度増えるごとに半径を3ずつ増加させると、1周で半径が360になり螺旋が描かれます。

一方、全く違うアプローチでも螺旋を描くことができます。中の図のように一辺が1の正方形を2枚並べた右に一辺が2の正方形をくっつけて、それらの上に一辺が3の正方形をくっつけて、その左に一辺が5の正方形をくっつけて……ということを螺旋状に繰り返して、その正方形の内部に円弧を描きます。すると、螺旋ができます。

そして、この徐々に増える正方形の一辺の長さは1、1、2、3、5、8、13、21……と増えていきます。前述したような螺旋の作り方から、3個目以降の一辺の長さは、前の2つの数値の足し算（例えば13=5+8）になっています。このような数値の並びをフィボナッチ数列といいます。この螺旋を無限に続けていくと、最終的にこの螺旋を含む長方形の縦横比は

$$1 : (1+\sqrt{5}) / 2$$

という値になり、この比は「黄金比」と呼ばれ、美しい比率として世の中のいろいろなところに使われています。

また、最初の螺旋の描き方で、3度ずつ増加するところを、この黄金比の値を使って1周（360度）の$(1+\sqrt{5}) / 2$倍ずつ増加（約512度）させると、右の図のような螺旋ができます。このパターン模様、どこかで見たことがありませんか？　そうです。松ぼっくりやひまわりの種の配置など、自然の中にいろいろと見られる並び方です。

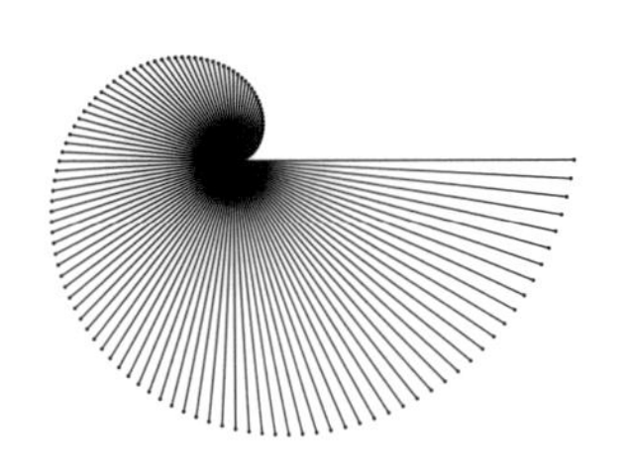

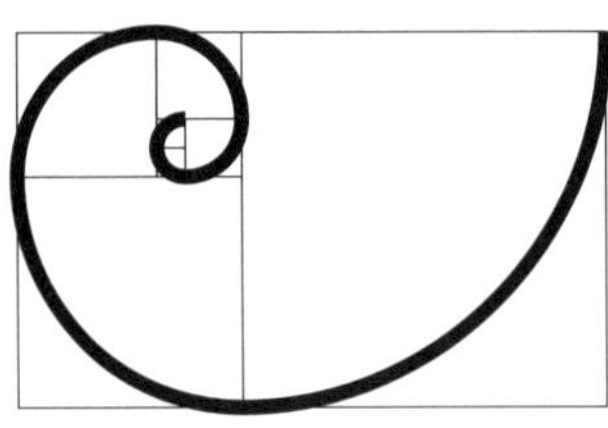

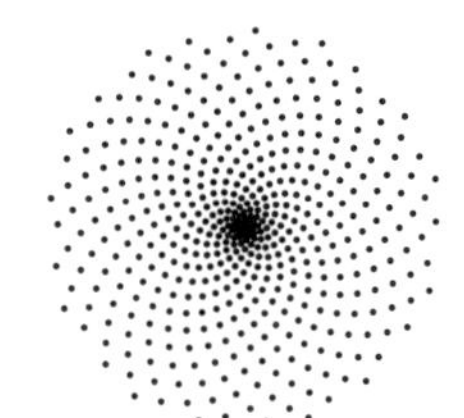

5-2 ○の大きさの変化を sin カーブにする

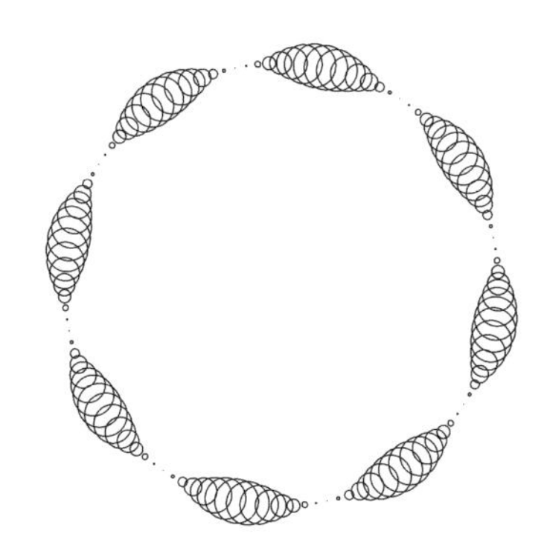

Sample 5-2

円周上の○の半径を波立たせましょう。これにも sin を利用しています。

// ソースコードの変更点 //

ch5_2

```
 5: function loop(){   //常時実行される
 6:   for(let i=0; i<360; i+=3){
 7:     let kakudo = i/180*Math.PI;
 8:     let hankei1 = 400;
 9: ❶ 半径の計算
10: ○の半径の基本の大きさ
11:     let haba = 20;
12: sin を使った半径の計算
13:     let hankei2 = haba*(Math.sin(kakudo*8)) + haba;
14:     let x = hankei1*Math.cos(kakudo) + screenWidth/2;
```

まず、三角関数の特徴について、もう少し詳しく考えておきましょう。

sin、cos は直角三角形の辺の比率だと言いました。そして、*Sample 5-1* では、

X座標をcos、Y座標をsin

として円周を描きました。これを

X座標は角度の値、Y座標をsin

にするとsinカーブと呼ばれる曲線が描かれます。
角度が0から360まで変化すると、cos、sinの値は次の図の赤い点線の長さのように変化します（90度のときのcosの長さは0）。
X、Y座標にこのcos、sinの値をあてはめると次の図の左のように円周が描かれます。
そして、それのX座標を角度にすると、sinの値の変化が見られるので、結果として図の右のようなsinカーブが描かれます。

sinカーブの仕組み

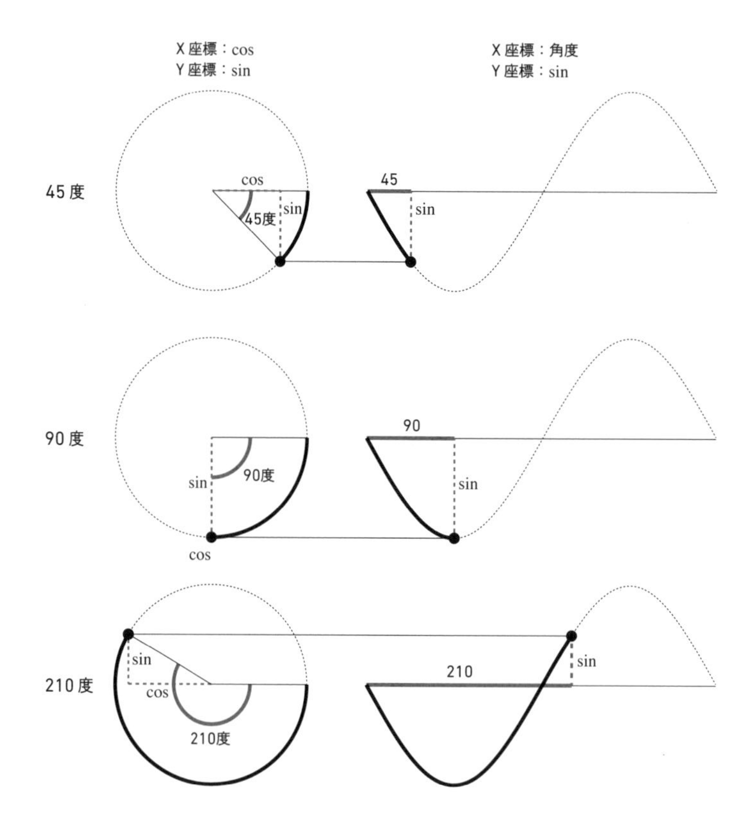

この、**値が変化すると緩やかに増減する**という特徴はいろいろなところで使えます。例えば画面上のものが、ゆっくり動き出して一定のスピードになってからゆっくり止まるときや、とある場所を中心に行ったり来たりする動きなどに使えます。

まずは、とても基本的なsinカーブを描いてみましょう。

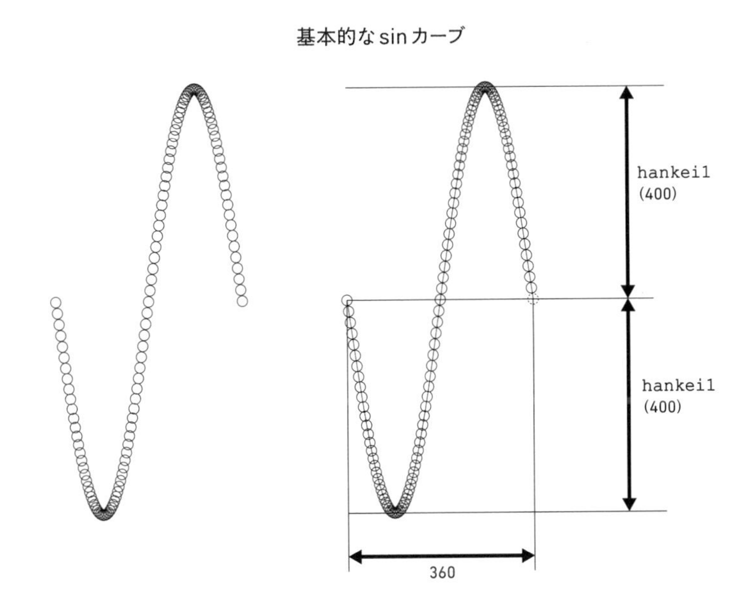

基本的なsinカーブ

これは *sample 5-1* の15行目を

```
let x = hankei1*Math.cos(kakudo) + screenWidth/2;
```

から

```
let x = i;
```

に変えたものです。つまり、上の解説のように *sample 5-1* が、

X座標をcos、Y座標をsin

にしたのに対して、今回は、

X座標は角度の値、Y座標をsin

にしただけです。こうすると角度が進むに従って、sinの値が増減していることがよくわかります。次にこのsinの角度を

```
let y = hankei1*Math.sin(kakudo*2) + screenHeight/2;
```

というようにkakudoからkakudo*2に変えてみましょう。すると次の図のように変化します。

kakudo*2のsinカーブ

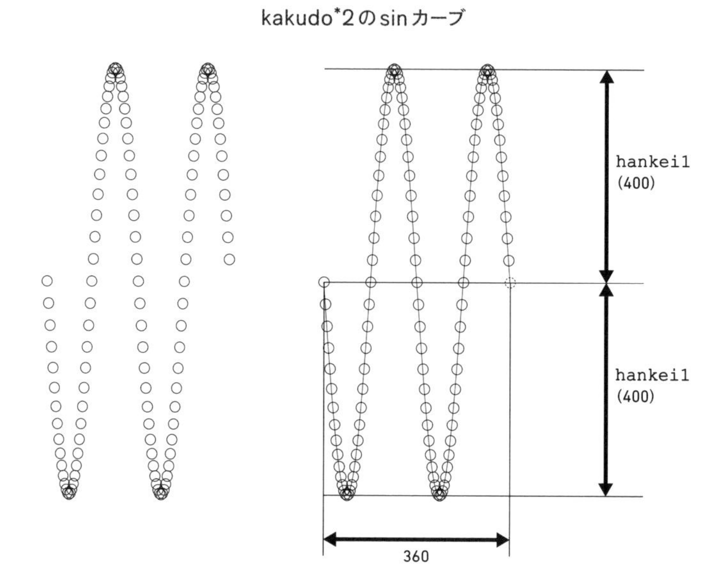

つまり角度iが0〜360まで1周分変化する間にsinに指定する角度が2周分するので、増減も2回分です。このようにsinに指定する角度を変更すると、波の数を調整できます。

これを踏まえて*Sample 5-2*のソースコードを見ます。

❶ 半径の計算

まず、○の基本になる大きさ（haba）を20にしています（11行目）。
そして、その大きさを基準にしてその角度で描かれる○の半径（hankei2）を計算します（13行目）。

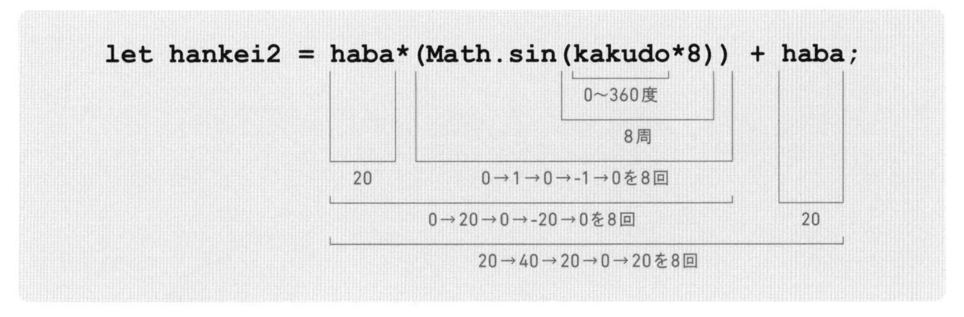

これは先ほどの解説通りに、

```
haba*(Math.sin(kakudo*8))
```

で、振れ幅が haba（20）の 8 個の sin カーブを描いています。そして最後に haba を加算しています。これは *Sample 5-1* で、screenWidth/2 を加算して、中心をずらした理由に似ていますが、sin カーブは -1〜+1 の間で変化します。すなわち

```
haba*(Math.sin(kakudo*8))
```

という式は -haba〜haba（-20〜20）の間で変化します。これは半径の計算なので、-20 という半径はあり得ないため、その値に haba（20）を加算して、0〜40 の間で変化させています。

hankei2の変化と○の大きさの増減の関係

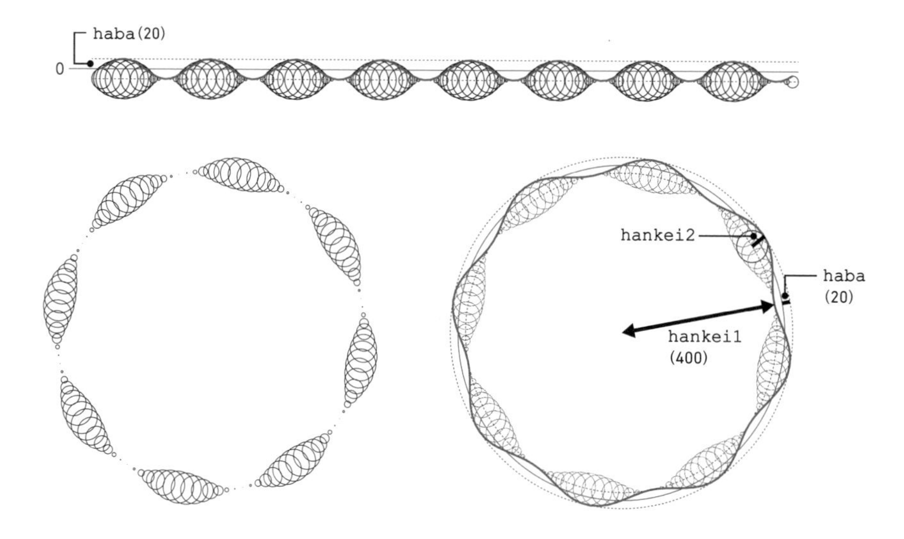

上の図はhankei2の値が増減することを表したものですが、この値の変化を○の半径にあてると、○の大きさが0〜40の間で8回緩やかに増減します。

試しにhaba*(Math.sin(kakudo*8))の8の値を6などに変更すると、6回の増減に変化します。

増減の変化

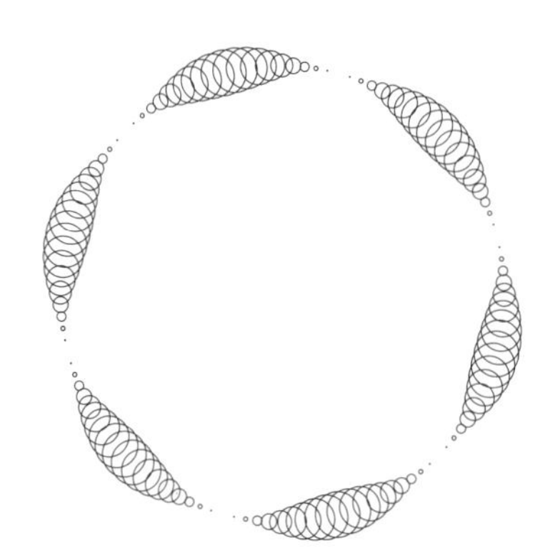

5-3 円周の半径を sin カーブにする

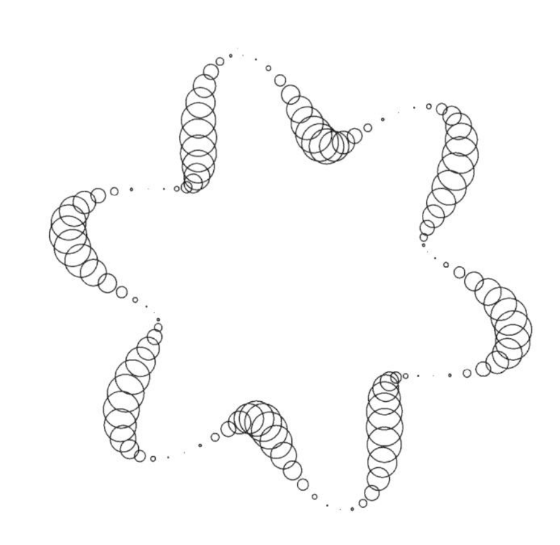

Sample 5-3

○が並んでいる円周を波立たせましょう。原理は前と同じです。*Sample 5-2* では円周上の○の半径の大きさに sin カーブをあてはめましたが、今回は円周の半径にあてはめます。

// ソースコードの変更点 //

ch5_3

```
 5: function loop(){   //常時実行される
 6:   for(let i=0; i<360; i+=3){
 7:     let kakudo = i/180*Math.PI;
 8: ❶ ○が並んでいる円周の半径の計算
 9:     let hankei1 = 100*Math.sin(kakudo*6) + 400;
10:     let haba = 20;
```

❶ ○が並んでいる円周の半径の計算

この式は *Sample 5-2* の○の半径の計算の

```
let hankei2 = haba*Math.sin(kakudo*8) + haba;
```

とよく似ています。これは、**振れ幅が haba（20）の 8 個の sin カーブを、haba を基準に描いて**います。これを今回にあてはめると、**振れ幅が 100 の 6 個の sin カーブを、400 を基準に描く**になります。*Sample 5-3* を見てみると半径 400 の円を基準にして 100 の振れ幅の 6 個の sin カーブがあることがわかります。

sinカーブの数の変化

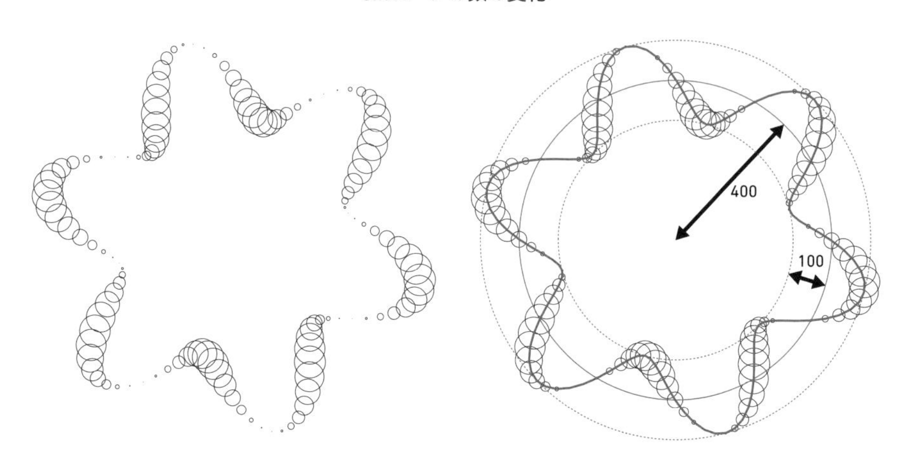

この kakudo*6 の 6 を変化させると sin カーブの数が変わります。

5-4 個々の○の半径を時間に沿って動かす

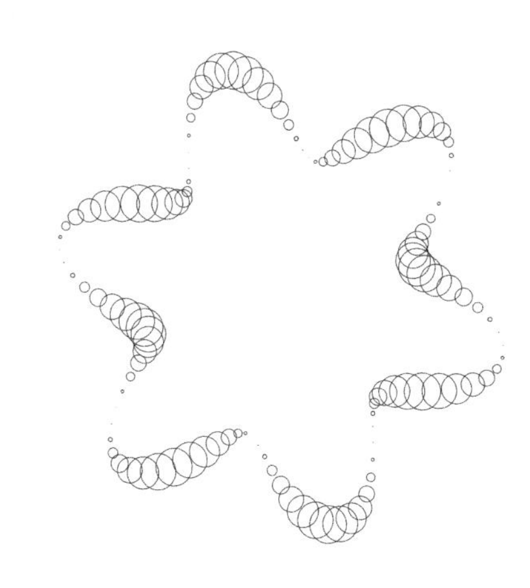

Sample 5-4 Motion sample ► https://furukatics.com/dm/s/ch5-4/

波の動きを考えましょう。この波はこれまでも行った**経過時間**を使います。

// ソースコードの変更点 //

ch 5_4

```
 5: function loop(){   //常時実行される
 6: ❶ 経過時間から時間によって進む角度を計算
 7:   let passedTime = new Date().getTime();
 8:   let objectKakudo = passedTime/1000;
 9:   objectKakudo = objectKakudo*2*Math.PI;
10:   objectKakudo = objectKakudo*0.5;
11: ❷ 画面の消去
12:   ctx.clearRect(0, 0, screenWidth, screenHeight);
13:   for(let i=0; i<360; i+=3){
 ⋮
17: ❸ ○の半径に時間によって進む角度を反映
18:     let hankei2 = haba*(Math.sin(kakudo*8 + objectKakudo)) +
                  haba;
19:     let x = hankei1*Math.cos(kakudo) + screenWidth/2;
```

❶ 経過時間から時間によって進む角度を計算

まず経過時間から、動かすための計算をしています。

この *Sample 5-4* をよくみると、1つの○が大きくなって小さくなって元に戻るまでに2秒かかっています。つまり○の大きさの周期は2秒です。これを、順を追って考えてみましょう。

まず `loop` の最初で、`passedTime` に現在の経過時間を取得します（7行目）。

次に、1秒間に1000ずつ増加する `passedTime` を `1000` で割っているので、`objectKakudo` は1秒間に1増加します（8行目）。

そして、その値に2π（360度）をかけると `objectKakudo` は1秒間に2π増加（1周）します（9行目）。

次に、その値に `0.5` をかける、つまり半分にしているので、`objectKakudo` は1秒間に半周する、つまり2秒で1周します（10行目）。

ここでは式が複雑なので、解説のために3行に分けて書きましたが、これらの式はこれまでのように、まとめて

```
let objectKakudo = passedTime/1000*2*Math.PI*0.5;
```

と書くこともできます。もちろん、これらをまとめて

```
let objectKakudo = passedTime/1000*Math.PI;
```

と書いてもいいのですが、そうすると後から「なぜ1000で割っているのか？」とか、半周のための0.5という要素が消えてしまいます。これも計算はコンピュータがおこなってくれるのですから、人間がわかりやすい部分は残しておく方がいいでしょう。

❷ 画面の消去

角度の計算ができたので、描画です。アニメーション的に動くので、まず画面全体を消去します（12行目）。

❸ ○の半径に時間によって進む角度を反映

描画については、○の半径（`hankei2`）が変化するだけなので、*Sample 5-3* と比べて、`hankei2` の計算部分しか変更がありません。

その計算式も前とほとんど同じです。前回までは、

```
let hankei2 = haba*(Math.sin(kakudo*8)) + haba;
```

でしたが、今回は、

```
let hankei2 = haba*(Math.sin(kakudo*8 + objectKakudo)) + haba;
```

です。sinで指定する角度に、自身の角度による値（kakudo*8）に、2秒で1周するobjectKakudoを加算すると、大きさが2秒間隔で一巡します。

ONE POINT

数学用のライブラリ

本書で使用しているJavaScriptをはじめ、一般的なプログラミング言語には数学用のライブラリが実装されています。JavaScriptではこのChapterでも使用したMath.sinのように「Math」というオブジェクトにまとめられています。本来であれば、例えばsinの計算の場合、テイラー展開やマクローリン展開というあまり一般的ではない難しい専門の計算方法や考え方を使って計算しなくてはいけません。しかし、Math.sinと書くだけで、内部でその計算をしてその役割を果たしてくれるとても便利なライブラリです。JavaScriptのMathにはプロパティ（変数）と、メソッド（関数）があります。プロパティとは数学で使う定数で、このChapterでも出てきたMath.PI(π、3.14159……)のようなものです。Math.PIと書くだけで本来の値、3.14159265359……と書いたことになります。メソッドとはこのChapterでのMath.sinやMath.cosのことです。値を引数として渡すことで内部でその計算をしてくれて、結果を返してくれます。

Mathの中には皆さんが、聞いたことはあるけど、中身は知らないというものもたくさんあると思います。本書でのMath.sin、Math.cosのように使ってみると便利さがわかるものもあるかもしれません。下記のURLにはMathの一覧が載っているので、一度確認してみてはどうでしょうか。

MDN Web Docs「Math」（Math by Mozilla Contributors is licensed under CC-BY-SA 2.5）
https://developer.mozilla.org/ja/docs/Web/JavaScript/Reference/Global_Objects/Math

5-5 全体の○の半径を時間に沿って動かす

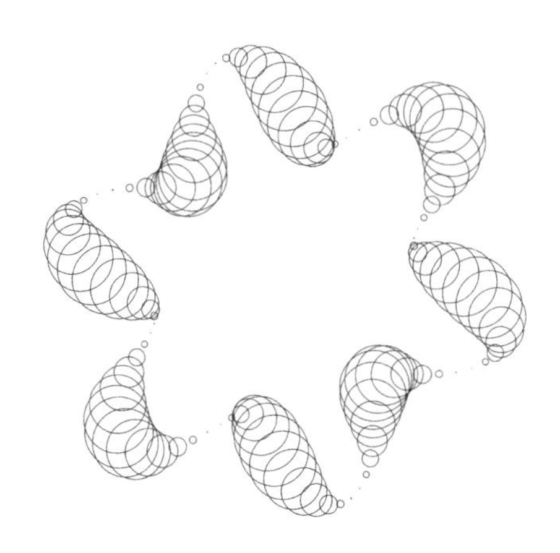

Sample 5-5　　Motion sample ► https://furukatics.com/dm/s/ch5-5/

○の元になる大きさにも経過時間を加味しましょう。

// ソースコードの変更点 //

ch 5_5

```
 5: function loop(){  //常時実行される
 ⋮
14: ❶ ○の元になる大きさに時間によって進む角度を加味
15:     let haba = 20*Math.sin(objectKakudo) + 20;
16:     let hankei2 = haba*(Math.sin(kakudo*8 + objectKakudo)) +
                          haba;
```

❶ ○の元になる大きさに時間によって進む角度を加味

前回までは○の基準の大きさ（haba）を単純に、

```
let haba = 20;
```

と固定していました。つまり 20 を基準に、○の大きさを計算していました。今回はその基準になる大きさそのものを時間によって変化させます。

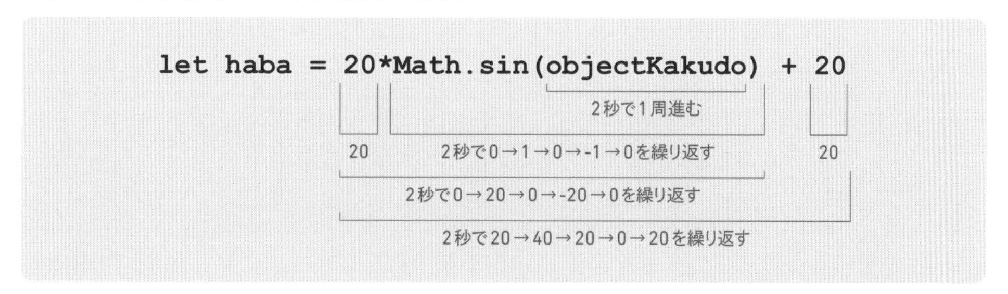

objectKakudoは2秒で1周するので、2秒を単位とした**20を基準にして、振れ幅20のsinカーブ**を計算します。すなわち2秒間隔で（20を中心にして）0〜40までの値をとります。

○の基準になる大きさであるhabaが20の固定から、0〜40に時間に応じて変化するようになったので、全部の○の大きさそのものがそれに追随して変化します。

5-6 円周の半径を時間に沿って動かす

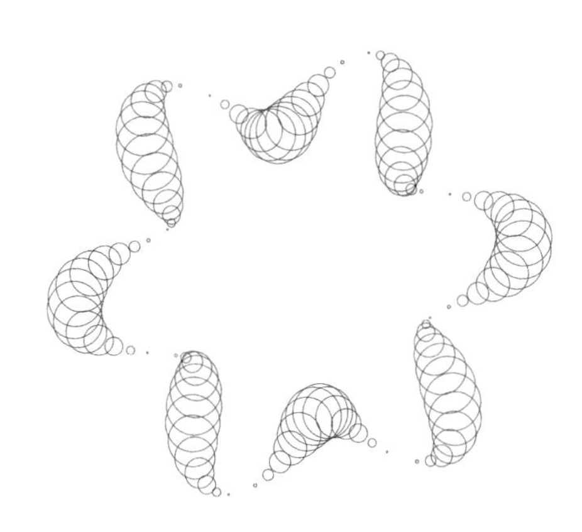

Sample 5-6　Motion sample ► https://furukatics.com/dm/s/ch5-6/

最後に、円周の半径の大きさに経過時間による動きを加味しましょう。

// ソースコードの変更点 //

ch 5_6

```
 5: function loop(){   //常時実行される
  ⋮
13: ❶円周の大きさに時間によって進む角度を加味
14:     let hankei1 = 100*Math.sin(kakudo*6 + objectKakudo) +
                      400;
15:     let haba = 20*Math.sin(objectKakudo) + 20;
```

❶ 円周の大きさに時間によって進む角度を加味

Sample 5-5 では、

```
let hankei1 = 100*Math.sin(kakudo*6) + 400;
```

だったものを、

```
let hankei1 = 100*Math.sin(kakudo*6 + objectKakudo) + 400;
```

に変更しました。つまり円周の大きさ（hankei1）にも経過時間を反映させました。これで円周の大きさが２秒間隔で一巡します。
ただし、これは kakudo*6 という、それぞれの○の中心からの角度を加味した値も入っているので、一見では円周自体が大きくなっているのかどうかが見えにくいです。そこで、例えばこの kakudo*6 を抜いて、

```
let hankei1 = 100*Math.sin(objectKakudo) + 400;
```

にすると、全部の○が同じ半径の円周上に並び、その円周の半径が２秒間隔で 400 を基準にして振れ幅 100 で上下することがわかります。

円周の半径の振れ幅

Chapter 6

色

Color

「色」について考えましょう。このSampleでは三崩しと呼ばれる日本古来の文様が彩られ、その色が流れていきます。それぞれ2本が対になっている部分は色相環の反対に位置する「補色」の組み合わせになっていて、横方向に明度の波が流れ、指の位置で彩度が変化します。
まず色の表現方法であるHSBについて考え、そこからHSB→RGBの色の変換方法を考えます。

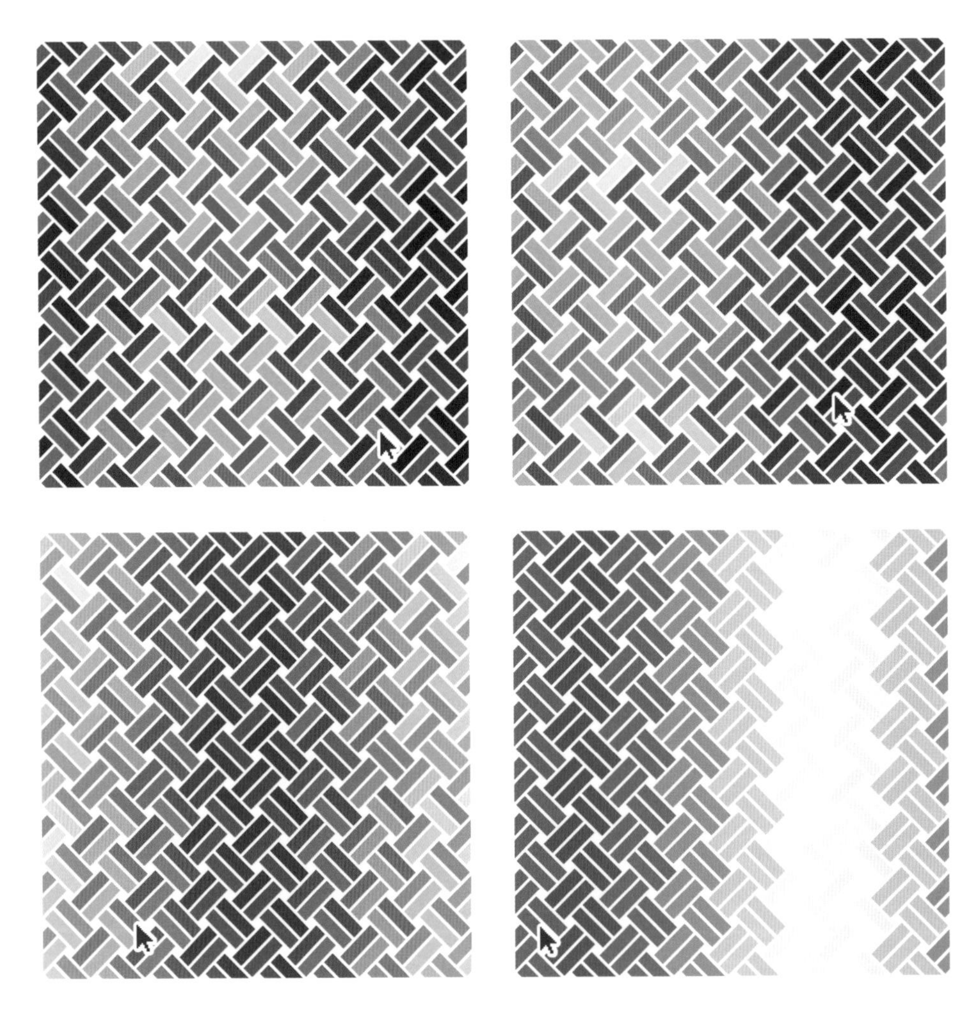

Motion sample ► https://furukatics.com/dm/s/ch6-4/

6-1 HSB → RGB 変換

Sample 6-1 Motion sample ► https://furukatics.com/dm/s/ch6-1/

まず、HSB と RGB について考えます。
HSB とは色相（Hue）、彩度（Saturation）、明度（Brightness）という 3 つの要素で色を表したものです（明度を Value として、HSV といわれることもあります）。これに対してコンピュータやスマホの画面は RGB、つまり赤（Red）、緑（Green）、青（Blue）の**光の三原色**を使っています。HSB のそれぞれの値は一般的には、

H（色相）0 〜 360 度
S（彩度）0 〜 255（100%）
B（明度）0 〜 255（100%）

で表し、RGB はそれぞれ 0 〜 255 で表します（コンピュータでは、100% の値を 255 として表すことがよくあります）。

例えば、オレンジ色の場合は次の図のようになります。

HSBとRGBの値

HSBでは
H：30度
S：255(100%)
B：255(100%)

RGBでは
R：255
G：127
B：0

1つの色はHSB、RGBの両方で表せます。
コンピュータは、液晶パネルの赤緑青の3つの素子の光り具合で色を表現するという機械の都合上、色を指定するときにも、RGBを使います。しかし、これはあくまで機械側の都合で、人間が色を見たときには「赤、緑、青がどのぐらい」などとは考えません。人間は一般的に、

① まず、何色なのか（色相）を考えて
② その色の鮮やかさ（彩度）を考えて
③ その色の明るさ（明度）を考えます

この考え方をパラメータとして扱ったものがHSBです。したがってまず、このHSBで色を決めて、それをプログラミングでRGBに変換し、コンピュータ側でその色で描画するほうが人間には考えやすくなります。これを実際に数式で考えて、プログラミングしたものがこの ***Sample 6-1*** です。

Sample 6-1 では、色相は自動で変化します。また、指（マウス）を画面の左側に持っていくと彩度が低く（白っぽく）なり、右側に持っていくと高く（鮮やかに）なります。また、指を画面の上側に持っていくと明度が低く（暗く）なり、下側に持っていくと高く（明るく）なります。
つまり、色相は自動で虹色の順番で巡り変わっていき、指を右下に持っていくと、鮮やかで明るい原色になり、左上に持っていくと鈍く暗い色になります。そして、横にはその色の成分がHSBで記述されています。

// ソースコード //

ch 6_1

```
1: ❸ HSB → RGB 変換
2: function hsbToRgb(hue, sat, bri){
3:   hue = hue % 360;
4:   if(hue < 0){
```

```
 5:     hue += 360;
 6:   }
 7:
 8:   sat = Math.min(Math.max(sat, 0), 255);
 9:
10:   bri = Math.min(Math.max(bri, 0), 255);
11:
12:   let red, green, blue;
13: 最大値、最小値
14:   let maxVal = bri;
15:   let minVal = maxVal - ((sat / 255) * maxVal);
16:   if(hue < 60){
17: 色相0～60度
18:     red = maxVal;
19:     green = minVal + ((hue-0)/60)*(maxVal-minVal);
20:     blue = minVal;
21:   }else if(hue < 120){
22: 色相60～120度
23:     red = maxVal - ((hue-60)/60)*(maxVal-minVal);
24:     green = maxVal;
25:     blue = minVal;
26:   }else if(hue < 180){
27: 色相120～180度
28:     red = minVal;
29:     green = maxVal;
30:     blue = minVal + ((hue-120)/60)*(maxVal-minVal);
31:   }else if(hue < 240){
32: 色相180～240度
33:     red = minVal;
34:     green = maxVal - ((hue-180)/60)*(maxVal-minVal);
35:     blue = maxVal;
36:   }else if(hue < 300){
37: 色相240～300度
38:     red = minVal + ((hue-240)/60)*(maxVal-minVal);
39:     green = minVal;
40:     blue = maxVal;
41:   }else{
42: 色相300～360度
43:     red = maxVal;
44:     green = minVal;
```

```
45:     blue = maxVal - ((hue-300)/60)*(maxVal-minVal);
46:   }
47:   return [red, green, blue];
48: }
49: ❶変数の宣言と初期化
50: let shikiso;
51: let saido;
52: let meido;
53:
54: let RED = 0;
55: let GREEN = 1;
56: let BLUE = 2;
57:
58: function setup(){ //最初に実行される
59:   shikiso = 0;
60:   saido = 0;
61:   meido = 0;
62: }
63:
64: function loop(){  //常時実行される
65: ❷色相、彩度、明度値の変化
66:   shikiso += 1;
67:   if(shikiso > 360){
68:     shikiso -= 360;
69:   }
70:
71:   saido = curYubiX/screenWidth*255;
72:
73:   meido = curYubiY/screenHeight*255;
74: ❸HSB→RGB変換（関数の呼び出し）
75:   let rgbCol = hsbToRgb(shikiso, saido, meido);
76: ❹描画
77:   ctx.clearRect(0, 0, screenWidth, screenHeight);
78:   ctx.fillStyle = "rgb("+rgbCol[RED]+","+rgbCol[GREEN]+","
                          +rgbCol[BLUE]+")";
79:   ctx.fillRect(screenWidth/4, screenHeight/2-screenWidth/4,
                  screenWidth/2, screenWidth/2);
80:
81:   ctx.fillStyle = "black";
82:   ctx.font = "36px serif";
```

```
83:     ctx.fillText("色相："+parseInt(shikiso)+" / 360",
                    screenWidth/4*3+10,
                    screenHeight/2+screenWidth/4-105);
84:     ctx.fillText("彩度："+parseInt(saido)+" / 255",
                    screenWidth/4*3+10,
                    screenHeight/2+screenWidth/4-55);
85:     ctx.fillText("明度："+parseInt(meido)+" / 255",
                    screenWidth/4*3+10,
                    screenHeight/2+screenWidth/4-5);
86: }
87:
88: function touchStart(){   //タッチ（マウスダウン）されたら
89:
90: }
91:
92: function touchMove(){ //指が動いたら（マウスが動いたら）
93:
94: }
95:
96: function touchEnd(){   //指が離されたら（マウスアップ）
97:
98: }
```


全体の流れとしては、グローバル変数として色相（shikiso）と彩度（saido）と明度（meido）の変数を作り、setup内でその値を初期化して（❶）、loopの中でそれらを、指の位置やloopが繰り返された回数によって変化させます（❷）。そして、その値をこの *Sample 6-1* で作成する **hsbToRgb 関数**を使って HSB → RGB に変換して（❸）、描画します（❹）。

❶ 変数の宣言と初期化

まず、HSBの値（shikiso、saido、meido）と、RGBの値を指し示すための変数（RED、GREEN、BLUE）を宣言して、初期化します（50～62行目）。初期化のsetup内では、色相、彩度、明度全てをとりあえず0（黒）にしています。RED、GREEN、BLUEについては後述します。

❷ 色相、彩度、明度値の変化

loop内で、HSBのそれぞれの値を変化させます。
色相（shikiso）はloopが繰り返されるたびに1追加しています（66行目）。ただし、色相の範囲は0～360（度）なので、360を越した段階で0に戻しています（67～69行目）。
彩度（saido）は指の横位置（curYubiX）から計算しています（71行目）。左端が0、右端が255

という値にしたいので、まずcurYubiX/screenWidthで画面幅に対する指の横位置の割合（0～1）を計算します。それを255倍するので、左端が0、右端が255になります。

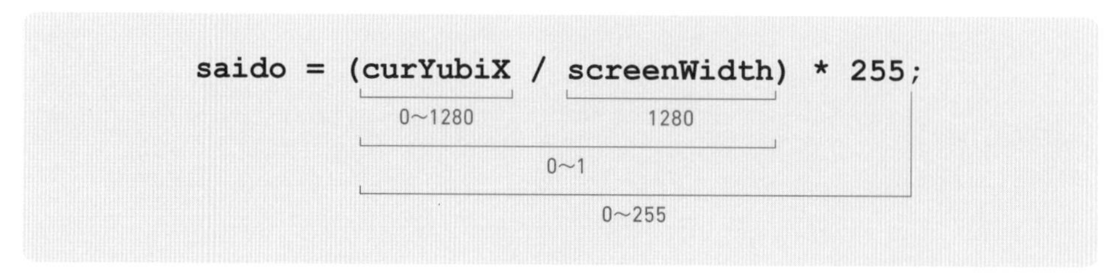

明度(meido)についても同様です。明度は指の縦位置(curYubiY)と画面の高さ(screenHeight)から計算しています。上端が0、下端が255になります（73行目）。

彩度と明度の値

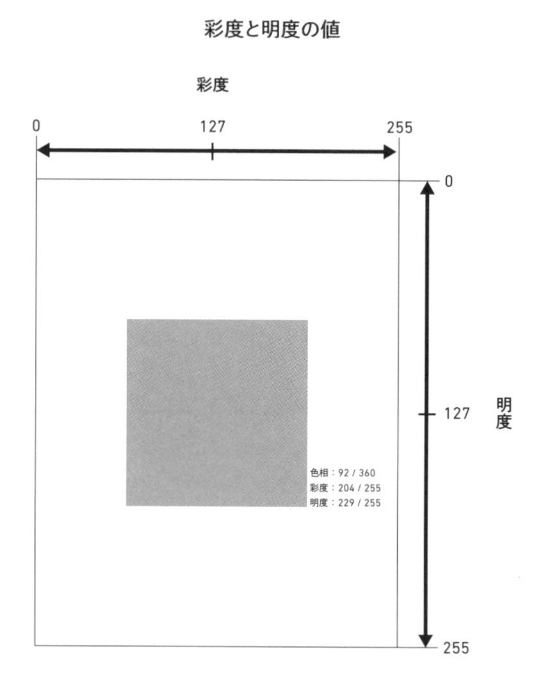

❸ HSB → RGB変換（関数の呼び出し）

HSBをRGBに変換します。ここでは**hsbToRgb関数**を作り、そこに変換処理をまとめました（2～48、75行目）。▶Appendix―関数 p.244

つまり、loop内からはhsbToRgb関数に色相（shikiso）、彩度（saido）、明度（meido）を引数として渡すとhsbToRgb関数内でHSB→RGBの変換計算が行われて、その結果が配列変数としてrgbColに返ってきます。つまりrgbCol[0]に赤成分、rgbCol[1]に緑成分、

rgbCol[2] に青成分が返ってきます。その値を使って、描画します（77 ～ 85 行目）。▶ **Appendix —配列変数 p. 241**

関数の中を見ていきましょう（2 ～ 48 行目）。関数名を hsbToRgb として、引き渡されてくる引数を色相（hue）、彩度（sat）、明度（bri）の順番で受け取ります（2 行目）。つまり、渡すときは shikiso、saido、meido として渡された値（75 行目）を、hsbToRgb 関数内では hue、sat、bri という名前で受け取ります（2 行目）。
この *Sample 6-1* では、hsbToRgb 関数に渡す前にそれぞれの値は有効な範囲内に揃えていますが、一般的に、どこからでも使える**関数**という性格上、引数で渡されてきた値をそれぞれ本来の範囲内（色相なら 0 ～ 360、彩度と明度なら 0 ～ 255）に留めるように修正します（3 ～ 10 行目）。

まず、色相（3 行目）ですが、引数で渡された hue の値を 360 で割ったあまりにしています。こうすると 360 度以上（もしくは 0 度以下）の値が 0 ～ 360 度内に修正されます。例えば 768 だと、768 ÷ 360 = 2 あまり 48 なので 768%360=48、つまり 768 度は（2 周分は省略されて）48 度に修正されます。ただし、マイナスの場合はあまりの角度もマイナスの値（-360 ～ 0）になるので、360 を足して（1 周増やして）0 ～ 360 に修正します（4 ～ 6 行目）。

彩度（8 行目）は、Math.max(sat, 0) で、sat と 0 の大きい方（0 より小さければ 0 に留まる）を計算して、その値と 255 と比べて小さい方の値を新しい sat の値にします。結果として、彩度（sat）は 0 ～ 255 に修正されます。
明度（10 行目）に関しても同様です。このようにして、色相（hue）は 0 ～ 360 度、彩度（sat）と明度（bri）は 0 ～ 255 に値がまとめられます。

引数の値が整えられたので、HSB → RGB の計算です。まずは計算結果の RGB 値を保存するための変数 red、green、blue を作ります（12 行目）。

そして、変換の計算をおこないます。しかし、プログラミングの解説の前に、まず変換の仕組みを解説します。
HSB と RGB は次の図のような関係になっています。

HSBとRGBの関係

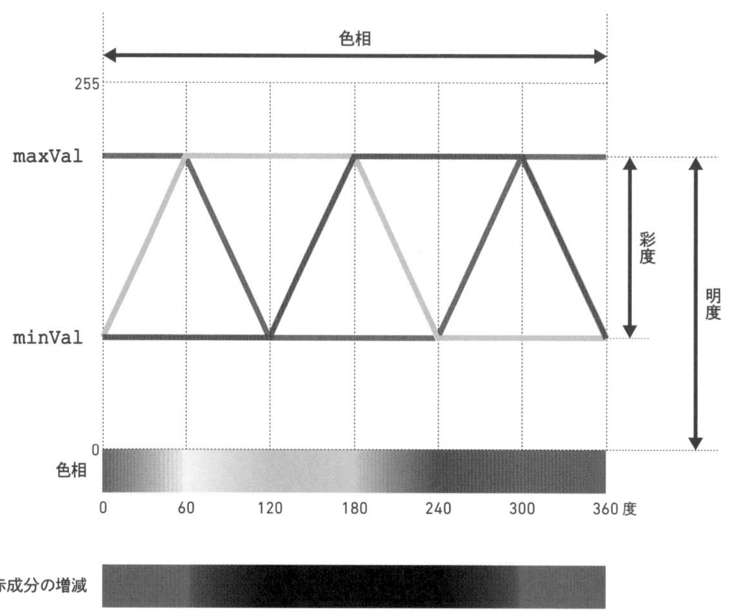

色相について、赤、緑、青の混合具合は、例えば**緑成分**を見てみると、0度のときは最小値、そこから60度まで徐々に上がっていって、60度から180度までは最大値、そこから240度まで徐々に下がっていって、240度から360度までが最小値です。赤、青は同じような増減が120度ずつずれて行われます。つまり、赤、緑、青それぞれの成分が**交代で**増減を繰り返すと虹色の色味が1周します（グラフとグラフの下の色相の帯を見比べると、赤、緑、青各色の量と対応していることがわかります）。

次に明度ですが、明度は**RGB値の最大値**と同値です。赤、緑、青は光の三原色なのでこれらが混じり合ったところで光としての明るさが大きくなることはありません。つまり赤、緑、青成分の内、一番大きな値が明度と一致します。

そして彩度ですが、彩度とはつまり**鮮やかさ**です。鮮やかとは色のメリハリがあること、すなわちRGBそれぞれの差が大きいことです。逆に、鮮やかではないとは色としてのメリハリがなくなる、つまりRGBのそれぞれの差が小さくなり、白っぽい色になることです。この、明度（RGBの最大値）の中でのRGBの差、つまり、図のように、RGBそれぞれの値の最大値（maxVal）と最小値（minVal）の差が彩度です。

この考え方を使ってHSBからRGBに変換しましょう。
まず、図のmaxValとminValを計算して（14、15行目）、その値をもとにred、green、blueの値を計算します（16～46行目）。

先に書いたようにmaxValは明度と同値なので、maxValに明度の値（bri）を代入します（14行目）。次に、minValに先の解説のようにmaxVal（bri）から彩度の値を引いたものを代入します（15行目）。

彩度（sat）は255を100%とした中での値なので、sat / 255は0～1での彩度の値（割合）が計算されます。そして、それにmaxValをかけると明度（maxVal）の中での彩度の値（割合）が計算されます。minValはmaxValを最大値としてそこから彩度の値を引いたものなので、これでRGB値の最小値であるminValが計算されます。

RGB値の最大値（maxVal）、最小値（minVal）が計算されたので、0～360度で60度ずつ場合分けをしてred、green、blueを計算します（16～46行目）。
代表としてblue（青）を見ていきましょう。これも前ページの図に倣って考えると、まず色相（hue）が60度未満のときは（16行目）、minValです（20行目）。
次に、色相（hue）が60～120度のとき（21行目。上部の**if(hue < 60)**部分で**60度未満**が抽出されて、ここでは**それ以外で120度未満**なので、結果として**60～120度**が抽出される）も、minValです（25行目）。

そして、色相（hue）が120～180度のときは（26行目）、blueの値は**徐々に上がって**いきます（30行目）。hueが120～180という60度の範囲で変化するとき、そのhueに対応するblueの値が、minValからmaxValの間のいくつになるかという計算です。

色相が120～180度のときのblue

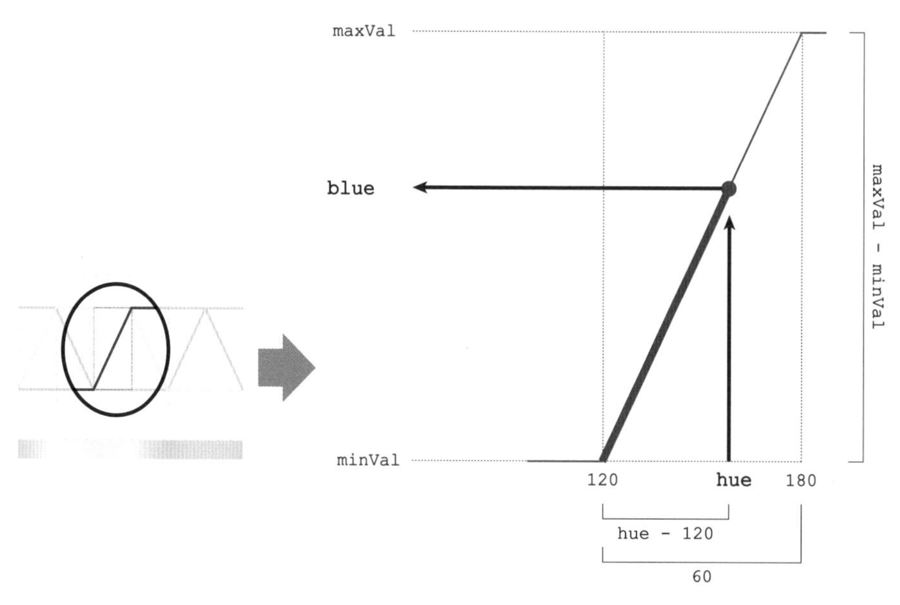

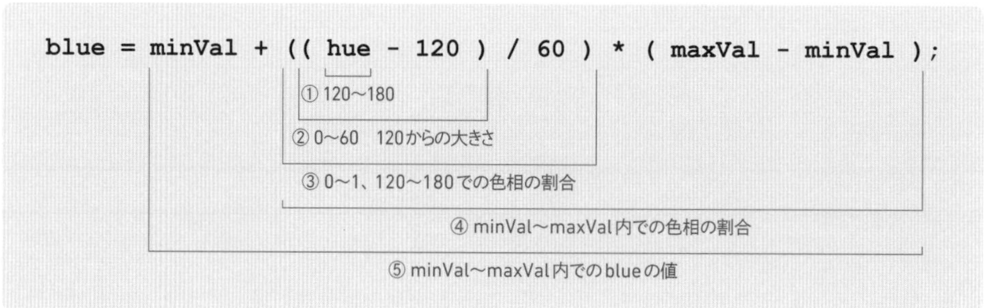

まず、hueは120～180なので（①）、(hue-120）は**120からの大きさ**です（②)。例えばhueが145ならば、145－120＝25です。
値が動く範囲は120～180の**60度**なのでこの（hue-120）を60で割ると**120を起点としたときの180までの間でのhueの割合（0～1）**になります（③)。
blueは直線的に増加するので、この割合にminValとmaxValの差（maxVal-minVal）をかけて、minVal→maxVal内での値を計算します（④)。
この値はあくまでminValをベース（0）にした値なので、実際の値はminValを加算します（⑤)。
こうしてhueが120～180の値を取るときに、minValをベースにして徐々にmaxValまで増える値（blue）を計算します。

そして、色相（hue）が180～240度のとき（31行目)、240～300度のとき（36行目）は、maxVal

です（35、40 行目）。

最後に 300 〜 360 度のとき（41 行目、上記のそれぞれの角度の条件 0 〜 300 度**以外**なので結果として 300 〜 360 度が抽出される）は、blue の値は**徐々に下がって**います（45 行目）。考え方は**徐々に上がっていく**ときと同じです。徐々に上がっていくとき（120 〜 180 度）は 120 〜 180 度内での割合を minVal に加算しましたが、今回は徐々に下がっていくので、300 〜 360 度内の割合を maxVal から引きます。

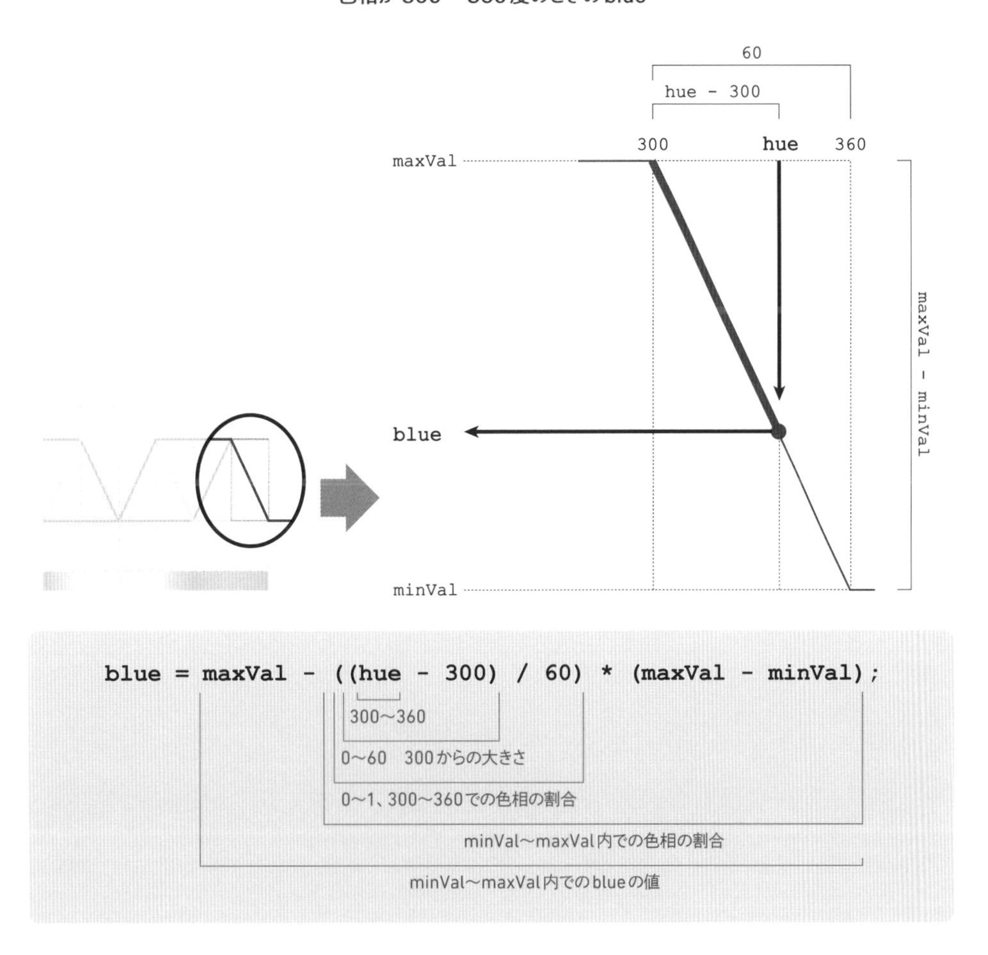

赤（red）、緑（green）に関しても計算方法は同じです。こうして HSB を RGB に変換します。

最後に、計算された red、green、blue の値を**配列変数**として返しています（47 行目）。これで、

HSB → RGB の色変換がどこからでも使える**関数**になったので、loop 内で、

```
let rgbCol = hsbToRgb(shikiso, saido, meido);
```

として（75 行目）、shikiso、saido、meido が HSB → RGB 計算されて、RGB 値が rgbCol に配列変数として返ってきます。具体的には rgbCol[0] に赤成分、rgbCol[1] に緑成分、rgbCol[2] に青成分が入っています。
ただ、この rgbCol[0] が赤成分だという表記はわかりにくいので、あらかじめ

```
let RED = 0;
let GREEN = 1;
let BLUE = 2;
```

と宣言しておくと（54 ～ 56 行目）、例えば rgbCol[0] を rgbCol[RED] と表記できます。

❹ 描画

計算された RGB 値を使って描画します。まず、画面全体を消去して（77 行目）、塗り色を、計算した RGB 値に設定し（78 行目）、画面の中央に正方形を描きます（79 行目）。位置は次の図のようになっています。

正方形の位置

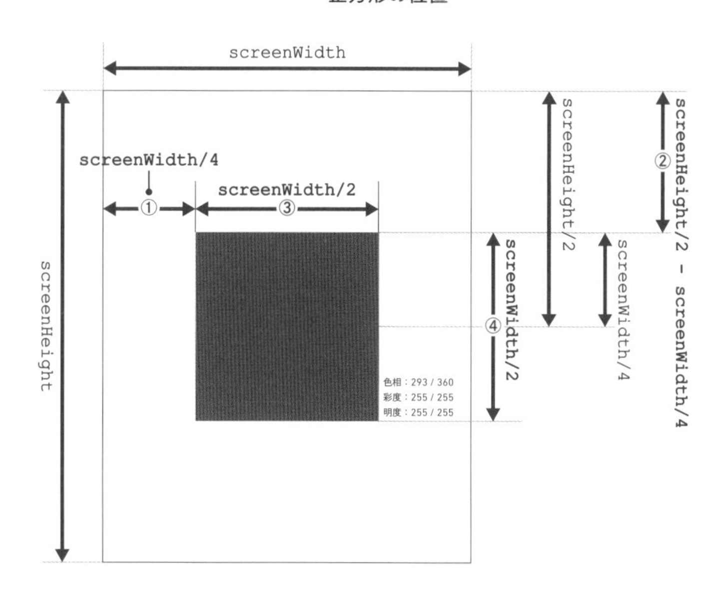


```
ctx.fillRect(screenWidth/4, screenHeight/2-screenWidth/4,
             ①              ②
             screenWidth/2, screenWidth/2);
             ③              ④
```

次はそれぞれの値を記述します。まずペンの色や書体を決めて（81、82 行目）、それぞれの値を記述します（83 ～ 85 行目）。値が小数になって、表記される桁数が違ってブレて見にくくなる場合があるので、parseInt で整数値にしています。この *Sample 6-1* では、色の変化を実感するように、loop の中で、色相、彩度、明度をリアルタイムで変化させました。もし、変化させるのではなく、単純にそれぞれの値がどのような色になるかを確認するのであれば、loop 内でのそれぞれの変数を変化させる部分（66 ～ 73 行目）を取り去り、setup のときにそれぞれを試したい値にします。

ちなみに、今回考えたカラーモデルは HSB と RGB ですが、これ以外に HSL（(Hue（色相)、彩度（Saturation)、輝度（Lightness)）というものもあります。HSB と似ていますが、異なるものです。ちなみに JavaScript の CSS や Canvas には hsl(h, s, l) という hsl での色設定をできる関数が標準で実装されていますが、hsb で色設定ができる関数はありません。

6-2 色相を位置に展開

Sample 6-2 Motion sample ► https://furukatics.com/dm/s/ch6-2/

色相をそれぞれの位置に展開します。彩度と明度はこれまでと同じで、指の位置（左右が彩度、上下が明度）で変化します。また、経過時間にともなって色相が動くパターンも試してみましょう。

// ソースコードの変更点 //

ch 6_2

```
41: ❹ ●の描画関数
42: function drawUnit(hsbCol, cx, cy, hankei){
43:   let rgbCol = hsbToRgb(hsbCol[HUE], hsbCol[SATURATION],
                             hsbCol[BRIGHTNESS]);
44:
45:   ctx.fillStyle = "rgb("+rgbCol[RED]+","+rgbCol[GREEN]+",
                           "+rgbCol[BLUE]+")";
46:   ctx.beginPath();
47:   ctx.arc(cx, cy, hankei, 0, Math.PI*2, true);
48:   ctx.fill();
49: }
```

```
　⋮
55: let HUE = 0;
56: let SATURATION = 1;
57: let BRIGHTNESS = 2;
58: ❶ ●の数、大きさに関する変数の宣言
59: let unitKazu = 8;
60:
61: let unitYokoKazu = unitKazu+1;
62: let unitTateKazu = unitKazu*2+1;
63: let unitSize, offsetX, offsetY;
64:
65: function setup(){ //最初に実行される
66: ❷ ●の大きさ、余白の計算
67:   unitSize = Math.min(screenWidth, screenHeight)/unitKazu;
68:   offsetX = screenWidth/2 - (unitKazu*unitSize)/2;
69:   offsetY = screenHeight/2 - (unitKazu*unitSize)/2 -
              unitSize/2;
70: }
71:
72: function loop(){  //常時実行される
73:   let passedTime = new Date().getTime();
74:
75:   ctx.clearRect(0, 0, screenWidth, screenHeight);
76: ❸ それぞれの●の位置と色の計算と描画
77:   for(let i=0; i<unitTateKazu*unitYokoKazu; ++i){
78: 位置の計算  ❺ 経過時間で色相を動かす
79:     let tateNum = parseInt(i / unitYokoKazu);
80:     let yokoNum = i % unitYokoKazu;
81:     let x = offsetX + unitSize*yokoNum + unitSize/2;
82:     if(tateNum % 2 == 1)  x -= unitSize/2;
83:     let y = offsetY + unitSize/2*tateNum + unitSize/2;
84: 色の計算
85:     let shikiso = i / (unitYokoKazu*unitTateKazu) * 360;
86: //  let shikiso = i / (unitYokoKazu*unitTateKazu) * 360 +
                          passedTime/1000*60;
87:     let saido = curYubiX/screenWidth*255;
88:     let meido = curYubiY/screenHeight*255;
89: 描画
90:     let hsbCol1 = [shikiso, saido, meido];
91:     drawUnit(hsbCol1, x, y, unitSize/2);
```

```
92:     }
93:  }
```

それぞれの位置にその色の●を描くための関数 drawUnit 関数を作り、効率化を図っています。HSB を RGB に変換する関数、hsbToRgb 関数については変更ありません。

❶ ●の数、大きさに関する変数の宣言

●の位置の展開方法は、基本的に *Chapter 4* と同じです。まず、縦横に並ぶ●の基本になる数 unitKazu を 8 として宣言します（59 行目）。

次に実際に横に並ぶ数（unitYokoKazu）と縦に並ぶ数（unitTateKazu）を計算します（61、62 行目）。

横に並ぶ数（unitYokoKazu）は *Chapter 4* と同じです。縦に並ぶ数（unitTateKazu）は、*Chapter 4* では●の大きさの 1/4 ずつずれるので unitKazu の 4 倍だったのですが、今回は●の大きさの半分（1/2）ずつずれるので 2 倍です。► Chapter 4-2 p. 074

そして、●の大きさ（unitSize）と全体の縦横にずれる値を管理する offsetX、offsetY を宣言します（63 行目）。

ずれる値

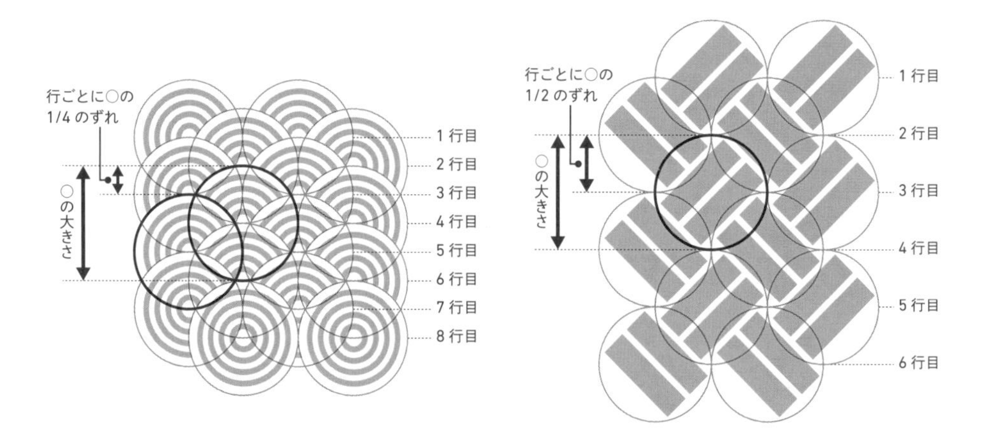

❷ ●の大きさ、余白の計算

setup 内で、それらを計算します。計算方法も基本的に *Chapter 4* と同じです。ただし、今回は縦方向に●の大きさの 1/2 ずれるので、offsetY の計算の最後に引く値は unitSize/2 です。

❸ それぞれの●の位置と色の計算と描画

これらの値から位置と色を計算します（77～92行目）。まず、位置に関しては、これも *Chapter 4* とほとんど同じです（79～83行目）。ただし、これも縦方向に●の大きさの1/2ずれるので、yの計算時にtateNumにかける値がunitSize/2になります。

そして、色の計算です。色相（shikiso）は、左上から右下まで計算する順番（iが0からunitTateKazu*unitYokoKazu（17×9=153）まで）で色相の角度が0～360まで増えるようにします（85行目。次の86行目のコメントアウトしている行は動きを加味したものです。後ほど解説します）。

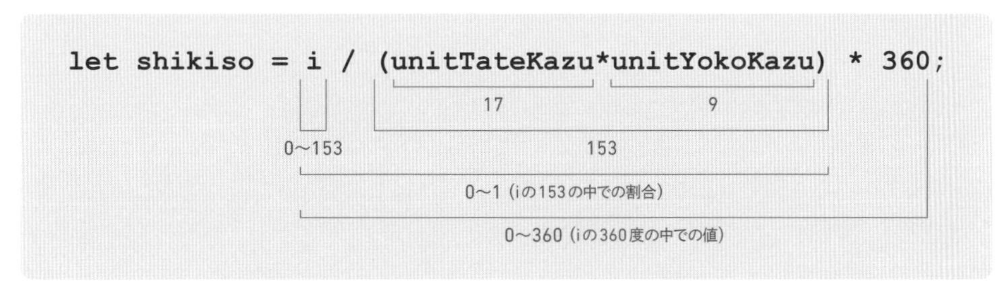

i / (unitTateKazu*unitYokoKazu)で、全体の順番の中でi番目の割合（0～1）を計算して、それを360倍すると、左上から右下まででで0～360になります。
彩度と明度は前と同様で、指の位置で変化します（87、88行目）。

ちなみにこれらの変数shikiso、saido、meidoは、今回はloop内で完結しているので、グローバル変数ではなくローカル変数にしています。
この色相（shikiso）、彩度（saido）、明度（meido）をあらかじめ配列変数hsbCol1として作っておいて（90行目）、drawUnit関数を使ってその色（hsbCol1）と位置（x, y）と半径（unitSize/2）で●を描きます（91行目）。

❹ ●の描画関数

drawUnit関数は、指定されたHSBの色と位置と半径で●を描きます。

引数に、HSBの色（hsbCol）、中心の位置（cx, cy）、半径（hankei）を受け取ります（42行目）。hsbColは配列変数で、hsbCol[0]に色相、hsbCol[1]に彩度、hsbCol[2]に明度が入っています。
まず、hsbColをhsbToRgb関数を使ってRGBに変換します（43行目）。ここでもhsbCol[0]と書くとわかりにくいので、あらかじめ、

```
let HUE = 0;
```

```
let SATURATION = 1;
let BRIGHTNESS = 2;
```

と宣言しておいて、hsbCol[0] を hsbCol[HUE] と表記しています（55～57行目）。
RGB色の計算ができたので、●を描きます（45～48行目）。

❺ 経過時間で色相を動かす

これで、画面全体に色相を展開しました。次にこれを**経過時間**で動かしてみましょう。色相の計算式に経過時間を加味したものが86行目です。動かない場合との違いがわかるように、85行目の今までのものと併記してみました。経過時間を加味したものを見るためには、85行目を // でコメントアウトして、86行目のコメントアウトを取り外してください。

```
//  let shikiso = i / (unitYokoKazu*unitTateKazu) * 360;
    let shikiso = i / (unitYokoKazu*unitTateKazu) * 360 +
                          passedTime/1000*60;
```

経過時間による動かし方はこれまでやってきた方法と同じです。まず、現在の時間を passedTime に取得しておきます（73行目）。
その passedTime を利用して色相の式に加味します（86行目）。passedTime は1秒間に1000進むので、1000で割ると1秒間に1度進み、それを60倍すると、1秒間に60度進む、つまり6秒で360度（1周）進みます。この式を shikiso に加算することで、色相が6秒で1周します。

6-3 明度の波

Sample 6-3

明度の波を作ります。明度が高い（明るい）ところと低い（暗い）ところがあるこの波はsinカーブを使っています。また、この明度の波も経過時間で動かすパターンも試してみましょう。

// ソースコードの変更点 //

ch6_3

```
71: function loop(){  //常時実行される
 ⋮
81:     let y = offsetY + unitSize/2*tateNum + unitSize/2;
82: ❶色相の固定（経過時間による変化を取り去る）
83:     let shikiso = i / (unitYokoKazu*unitTateKazu) * 360;
84: ❷彩度の固定
85:     let saido = 255;
86: ❸明度の変化を横方向につける計算 ❹明度の波を経過時間で動かす
87:     let meido = ((Math.sin(yokoNum/unitYokoKazu*Math.PI*2)
                 +1)/2*0.6+0.4) * 255;
88: //  let meido = ((Math.sin(yokoNum/unitYokoKazu*Math.PI*2
```

```
        + passedTime/1000*(Math.PI*2)/4)+1)/2*
        0.6+0.4) * 255;
```

❶ 色相の固定（経過時間による変化を取り去る）　**❷ 彩度の固定**

明度の変化をはっきり見せるために、一旦色相を経過時間で動かないように固定して、彩度も255に固定にします（83、85行目）。

❸ 明度の変化を横方向につける計算

横方向の位置で明度を変化させます。これは次の図のようにsinカーブを使って明るくなって暗くなります。

sinカーブと明度の変化

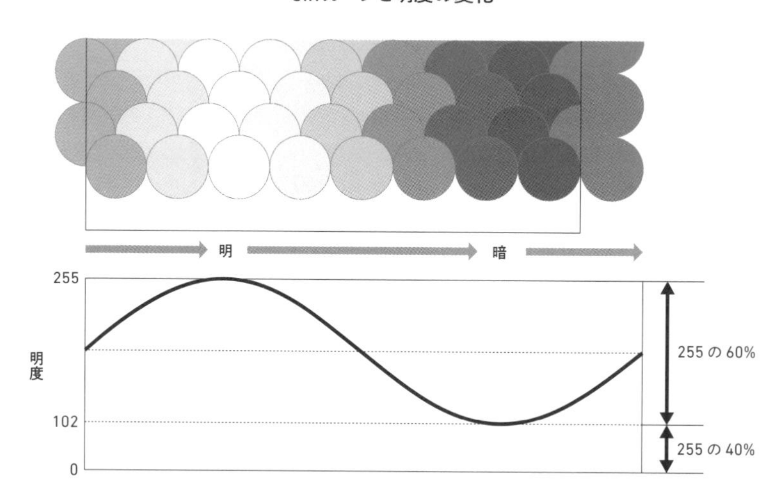

明度の波を作ります（87行目。次の88行目のコメントアウトしている行は動きを加味したものです。後ほど解説します）。この明度の変化の意図としては、真っ黒ではないある程度の明度（40%）から100%の明度までの波を考えています。

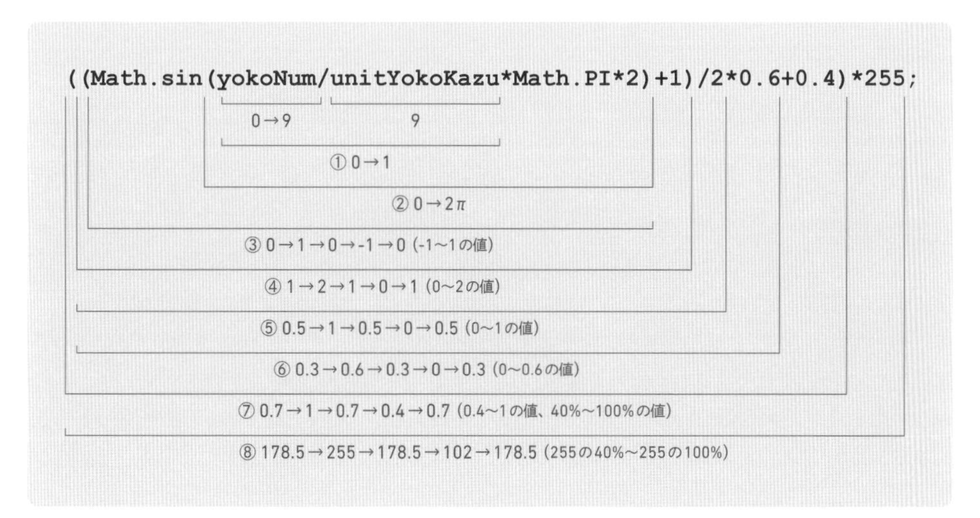

unitYokoKazuは●の横に並んでいる数（9個）、yokoNumはi番目の●が左から何列目かなので、yokoNum/unitYokoKazuは、i番目の●の横位置での割合（0～1）を表し（①）、それに2π（Math.PI*2）をかけると、i番目の●の横の位置におけるラジアン値（0～2π、360度）を表します（②）。つまり、yokoNumが0→9（左端から右端まで）で1周します。これにsinをあてはめれば、左端から右端までで1つのsinカーブを描きます（③）。このsinカーブは-1～1の値を取ります。その式に1を足すと0～2になり（④）、それを2で割ると0～1になります（⑤）。●が左端から右端まで変化すると0～1の範囲で変化するsinカーブができたので、その値を0.6倍（60%）したもの（⑥）に0.4（40%）を加算すると、0.4～1（40%～100%）の範囲で変化するsinカーブが得られます（⑦）。明度の範囲は0～255なので、これに255をかけると、40%（102）から100%（255）の範囲でsinカーブで変化する明度が得られます（⑧）。

sinカーブの形式で、102（255の40%）と255を行き来する値が取られるので、結果として、横向きに明るくなって、暗くなる**明度の波**が作られます。

❹ 明度の波を経過時間で動かす

色相の場合と同様に、明度の波も経過時間で動かしてみましょう。これも、違いがわかるように併記してあります。動きが見たければ、87行目に//をつけてコメントアウトして、88行目のコメントアウトを取り去ります。

```
//  let meido = ((Math.sin(yokoNum/unitYokoKazu*Math.PI*2)
                +1)/2*0.6+0.4) * 255;
    let meido = ((Math.sin(yokoNum/unitYokoKazu*Math.PI*2
                + passedTime/1000*(Math.PI*2)/4)+1)/2
```

```
              *0.6+0.4)* 255;
```

sinカーブで指定する角度に経過時間を加味すれば、明度の波が経過時間で動きます。そこで、sinの角度指定に、

```
passedTime/1000*(Math.PI*2)/4
```

を加算して経過時間を加味しています（88行目）。passedTimeは1秒間に1000増えるので、passedTime/1000は1秒間に1増えます。そこにMath.PI*2、つまり1周分である2πをかけると1秒間に1周します。それを4で割ると、**1秒で1/4周（90度）つまり4秒で1周**します。●の明度を決定する角度が4秒で1周分増えるので、結果として明度の波が右から左へと4秒の周期で動きます。

ONE POINT

色彩の同時対比

人間が色を見たときの現象として色彩の同時対比というものがあります。
これは、目や脳の特徴から2つの色が隣り合わせたとき、小さなエリアの色は大きなエリアの色に引っ張られるというものです。
例えば、下の図の3つの場合、それぞれ真ん中の●の色は左右が異なった色に見えますが、実はこの2つは同じ色です。この現象は色相、彩度、明度のどのパラメータでもおきて、それぞれ色相対比、彩度対比、明度対比と呼ばれています。
これをわかりやすいようにウェブアプリケーションにしたものを作りました。興味がある方は、下のQRコードからアクセスしてみてください。

明度対比

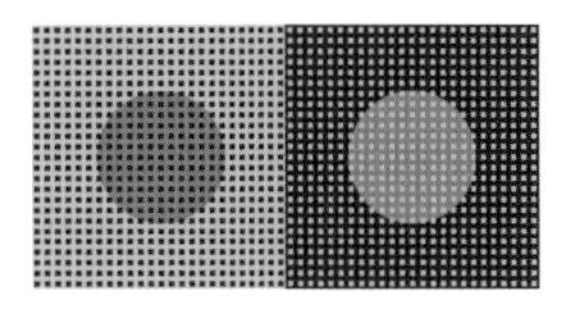

彩度対比

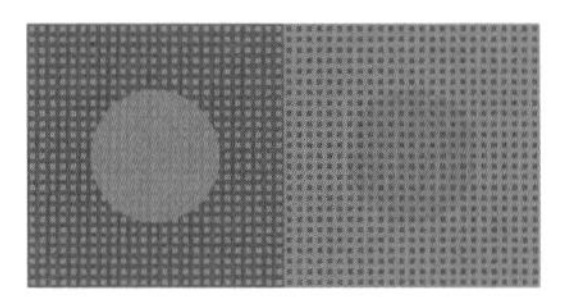

色相対比

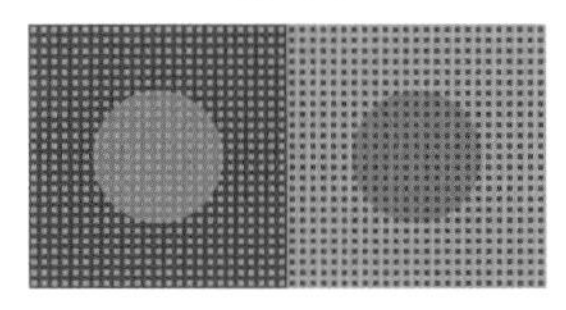

https://furukatics.com/dm/op/doujitaihi/

6-4 三崩し模様

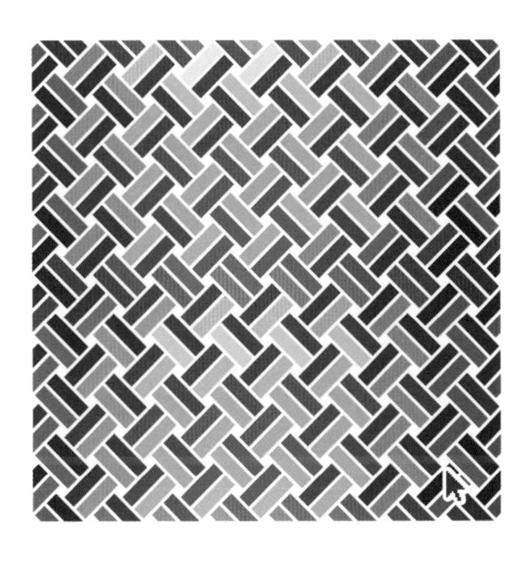

Sample 6-4 Motion sample ► https://furukatics.com/dm/s/ch6-4/

最後に、三崩し文様を作ります。色相が下から上へと移ろい、明度が右から左へと流れ、指の位置によって彩度が変化します。

// ソースコードの変更点 //

ch 6_4

```
39:   return [red, green, blue];
40: }
41: ❹ 三崩し文様を描く関数
42: function drawUnitSankuzushi(hsbCol, cx, cy, hankei, muki){
43:   ctx.lineWidth = hankei*0.45;
44:
45:   let rgbCol1 = hsbToRgb(hsbCol[HUE], hsbCol[SATURATION],
                              hsbCol[BRIGHTNESS]);
46:   ctx.strokeStyle = "rgb("+rgbCol1[RED]+","+rgbCol1[GREEN]+"
                              ,"+rgbCol1[BLUE]+")";
```

```
47:    ctx.beginPath();
48:    if(muki){
49:  偶数行1本目
50:      ctx.moveTo(cx-hankei*0.76, cy-hankei*0.36); Ⓐ
51:      ctx.lineTo(cx+hankei*0.36, cy+hankei*0.76); Ⓑ
52:    }else{
53:  奇数行1本目
54:      ctx.moveTo(cx+hankei*0.76, cy-hankei*0.36); Ⓔ
55:      ctx.lineTo(cx-hankei*0.36, cy+hankei*0.76); Ⓕ
56:    }
57:    ctx.stroke();
58:
59:    let rgbCol2 = hsbToRgb(hsbCol[HUE]+180, hsbCol[SATURATION],
                   hsbCol[BRIGHTNESS]);
60:    ctx.strokeStyle = "rgb("+rgbCol2[RED]+","+rgbCol2[GREEN]+"
                          ,"+rgbCol2[BLUE]+")";
61:    ctx.beginPath();
62:    if(muki){
63:  偶数行2本目
64:      ctx.moveTo(cx-hankei*0.36, cy-hankei*0.76); Ⓒ
65:      ctx.lineTo(cx+hankei*0.76, cy+hankei*0.36); Ⓓ
66:    }else{
67:  奇数行2本目
68:      ctx.moveTo(cx+hankei*0.36, cy-hankei*0.76); Ⓖ
69:      ctx.lineTo(cx-hankei*0.76, cy+hankei*0.36); Ⓗ
70:    }
71:    ctx.stroke();
72:  }
   ⋮
94:  function loop(){   //常時実行される
   ⋮
105:  ❶ 色相と彩度の動き
106:      let shikiso = i / (unitYokoKazu*unitTateKazu) * 360 +
                      passedTime/1000*60;
107:      let saido = curYubiX/screenWidth*255;
108:      let meido = ((Math.sin(yokoNum/unitYokoKazu*Math.PI*2 +
                    passedTime/1000*(Math.PI*2)/4)+1)/2*0.6+0.4)
                   * 255;
109:
110:      let hsbCol1 = [shikiso, saido, meido];
```

```
111: ❷ 向きの計算
112:     let muki = true;
113:     if(tateNum % 2 == 1){
114:       muki = false;
115:     }
116: ❸ 三崩し文様の描画
117:     drawUnitSankuzushi(hsbCol1, x, y, unitSize/2, muki);
118:   }
119: ❺ 不要な部分の消去
120:   ctx.fillStyle = "white";
121:   if(screenWidth < screenHeight){
122:     let ookisa = (screenHeight - screenWidth)/2;
123:     ctx.fillRect(0, 0, screenWidth, ookisa);
124:     ctx.fillRect(0, screenHeight-ookisa, screenWidth,
                 ookisa);
125:   }else{
126:     let ookisa = (screenWidth - screenHeight)/2;
127:     ctx.fillRect(0, 0, ookisa, screenHeight);
128:     ctx.fillRect(screenWidth-ookisa, 0, ookisa, screenHeight);
129:   }
130: }
```

❶ 色相と彩度の動き

まず、前回の *Sample 6-3* では、明度の波をはっきりと見せるために止めていた色相の動きをあらためて動かし（106行目）、彩度も指の位置で変化するように戻します（107行目）。

❷ 向きの計算

前回までは、`drawUnit`関数で、その位置にその色で●を描きました。それに代わって`drawUnitSankuzushi`関数で三崩し文様を描きます。

三崩し文様は**向き**があるのでそれを加味します。つまり、次の図のように縦方向の行数で互い違いに右斜め上方向と左斜め上方向を描き分けます。

向きの描き分け

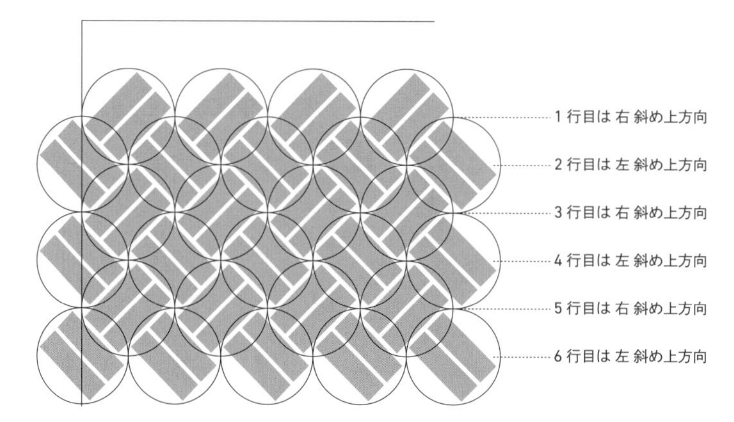

奇数行は「右斜め上方向」、偶数行は「左斜め上方向」

そこで、drawUnitSankuzushi 関数は、drawUnit 関数の色（hsbCol）、位置（cx, cy）、半径（hankei）に加えて、向き（muki）という引数を追加します（42 行目）。この muki が true のときは左斜め上方向（偶数行）、false のときは右斜め上方向（奇数行）を描きます。drawUnit Sankuzushi の詳細は後述します。

まず、全体の流れとして、drawUnitSankuzushi 関数を呼び出す直前に、この muki を計算します（112 ～ 115 行目）。はじめに muki を true（左斜め上方向）で宣言しておいて（112 行目）、もし縦方向の行数（tateNum）を 2 で割ったあまりが 1（奇数）だったら（113 行目）、muki を false（右斜上方向）に変更します（114 行目）。これで muki が、縦方向の行数が偶数ならば true（左斜め上方向）、奇数ならば false（右斜上方向）になります。

❸ 三崩し文様の描画

これで文様の向き（muki）が決まったので drawUnitSankuzushi 関数で文様を描きます。

❹ 三崩し文様を描く関数

では、その drawUnitSankuzushi 関数（42 ～ 72 行目）の中を見ていきましょう。
まず、三崩し文様は次の図のようになっています。

三崩し文様の構造

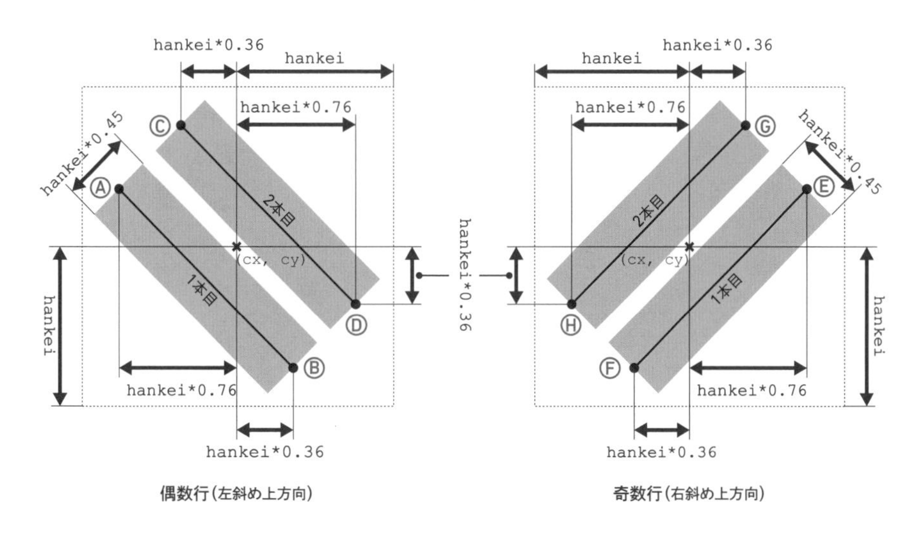

大きさや位置に関する全ての値は半径（hankei）を基準にしています。
2本の色の帯は、線幅を持った線で描かれているので、線の太さを半径の45%（hankei*0.45）にします（43行目）。

1本目の色の帯を描きます（45～57行目）。1本目の帯はmukiがtrueでもfalseでも**下側の帯**です。この帯の色は引数で受け取ったhsbColそのものです。したがってhsbColをhsbToRgb関数でrgbCol1にRGBの色に変換して（45行目）、線の色をrgbCol1に設定します（46行目）。そしてmukiによって、帯を描き分けます（47～57行目）。配置は上の図の通りです。
同様に2本目の帯を描きます（59～71行目）。ただし、こちらは受け取ったhsbColの補色にします。補色とは色相での**反対の色**、つまり、180度加算した色です。そこで、補色を計算するときには受け取ったhsbColの色相（hsbCol[HUE]）に180を加算した値でhsbToRgb関数にかけます（59行目）。以降の描き方は1本目の帯と同様です。
これで、彩られた三崩し文様が描かれます。

❺ 不要な部分の消去

最後に、*Chapter 4-8*と同じように不要な部分を白で塗りつぶして消しています（120～129行目）。

► Chapter 4-8 p. 092

Chapter 7

角度と距離

Angles and distances

「角度」と「距離」について考えてみましょう。
指（マウス）を画面上で動かすと赤くなったり、指に近いほど大きくなったり、円の中の線がこちらを向いたりします。
これらは指との「角度」と「距離」を元に計算しています。

Motion sample ► https://furukatics.com/dm/s/ch7-6/

7-1 ○を敷き詰める

Sample 7-1

まず、これまでと同様に○を敷き詰めます。行ごとに互い違いにしますが、今回はぴったりと接するように敷き詰めます。また、これまでは正方形のエリアに並べていましたが、今回は全面に敷き詰めます。

プログラミング内では、これまで描画の都度○の位置を計算しましたが、今回は、配列やクラスを使って、最初にそれぞれの**位置**や**角度**や**距離**などの情報を計算、保存しておき、loopの中ではその情報をもとに描画します。

// ソースコード //

ch7_1

```
1: ❶グローバル変数の宣言
2: let unitKyori;
3: let maru = new Array();
4: ❷クラスの宣言
5: class Maru{
6:   constructor(xx, yy){
```

```
 7:     this.x = xx;
 8:     this.y = yy;
 9:   }
10: }
11:
12: function setup(){ //最初に実行される
13: 位置の計算
14: ❸ ○の横の数と間隔の計算
15:   let unitYokoKazu = 20;
16:   let yokoInterval = screenWidth / (unitYokoKazu-1);
17: ❹ ○の縦の間隔と数の計算
18:   let tateInterval = yokoInterval * Math.sin(Math.PI/3);
19:   let unitTateKazu = Math.ceil(screenHeight / tateInterval);
20:   unitKyori = yokoInterval;
21: ❺ ○の位置を計算し配列に保存
22:   for(let i=0; i<unitYokoKazu*unitTateKazu; ++i){
23:     let tateNum = parseInt(i / unitYokoKazu);
24:     let yokoNum = i % unitYokoKazu;
25:     let x = yokoInterval*yokoNum;
26:     let y = tateInterval*tateNum;
27:     if(tateNum % 2 == 1)  x += yokoInterval/2;
28:     maru[i] = new Maru(x, y);
29:   }
30: }
31:
32: function loop(){  //常時実行される
33: ❻ 配列に保存されている位置に○を描画
34:   ctx.clearRect(0, 0, screenWidth, screenHeight);
35:   for(let i=0; i<maru.length; ++i){
36:     let hankei = unitKyori / 2;
37:
38:     ctx.strokeStyle = "black";
39:     ctx.lineWidth = 2;
40:     ctx.beginPath();
41:     ctx.arc(maru[i].x, maru[i].y, hankei, 0, Math.PI*2,
            true);
42:     ctx.stroke();
43:   }
44: }
45:
```

```
46:  function touchStart(){   //タッチ（マウスダウン）されたら
47:
48:  }
49:
50:  function touchMove(){ //指が動いたら（マウスが動いたら）
51:
52:  }
53:
54:  function touchEnd(){   //指が離されたら（マウスアップ）
55:
56:  }
```


❶ グローバル変数の宣言

最初に、変数を宣言します（2、3行目）。

unitKyoriは、○どうしの距離を管理します。setup内で計算し、loop内の描画時に活用します。

maruは○の**位置**などの値を保存しておく**配列変数**です。

❷ クラスの定義

配列変数maruはMaru型のクラス変数です。ここで**クラス**について解説しておきましょう。

クラスは**データのかたまり**もしくは**データの型**を管理します。

```
class Maru{
  constructor(xx, yy){
    this.x = xx;
    this.y = yy;
  }
}
```

と書くと、**Maru**という名前のデータの**型**ができます。そして、その中のconstructor関数部分に**初期化**する内容を書きます。上のように書き、別の部分から例えば、

```
let m = new Maru(100, 200);
```

と書くと、

変数mを新たにMaruという型で(100, 200)という引数で初期化する

となり、Maruクラス内では、constructor（初期化関数）が自動で実行されます。xxに100、yyに200が引き渡されるので、Maruクラス内のx（this.x）と、y（this.y）に100と200を保存します。
結果として、Maru型の変数mが作られて、その中にxとyという変数ができます。Maru型の変数m内のx、yは「m.x」、「m.y」と表され、m.xには100、m.yには200が格納されています。

クラスの仕組み

❸ ○の横の数と間隔の計算

このように、あらかじめそれぞれの○のためのデータの領域を確保しておいて、setupで、それぞれを計算して保存します。まず○の横の数（unitYokoKazu）を20とします（15行目）。
次に○の横の間隔（yokoInterval）を次の図のように計算します（16行目）。

○の横の間隔

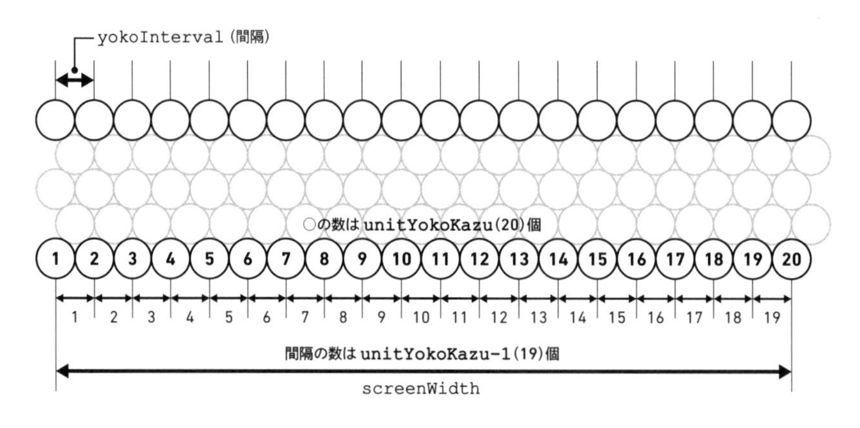

yokoInterval = screenWidth / (unitYokoKazu-1)
間隔　画面幅　間隔の数

画面の横幅がscreenWidthで、○の横の**間隔**の個数は○**の横の数-1個**(unitYokoKazu-1)なので、○の横の間隔(yokoInterval)はscreenWidth / (unitYokoKazu-1)になります。

❹ ○の縦の間隔と数を計算

○の縦の間隔(tateInterval)を次の図のように計算します(18行目)。

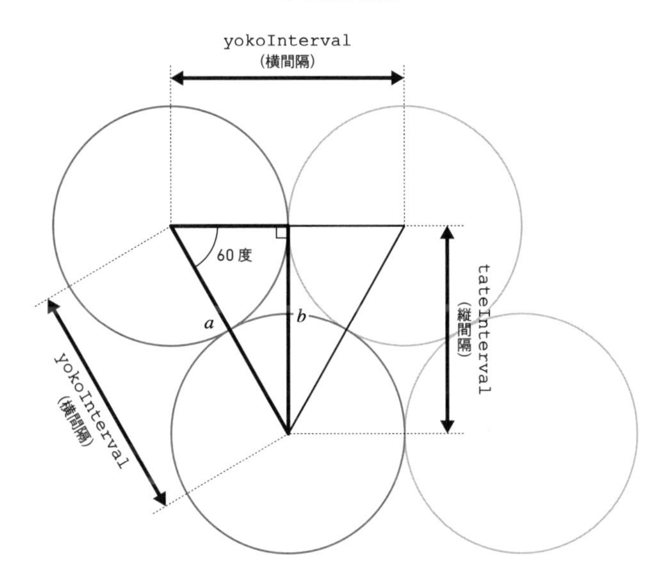

蜂の巣のように斜めに接するように敷き詰めるので、これまでのような、横間隔の1/2や1/4のような値ではなく、角度を踏まえた計算をします。
敷き詰められた○は正三角形の関係で接しているので、その1つの角度は60度です。つまり

$$\sin(60度) = b / a$$

です。aは○どうしの距離なのでyokoIntervalと同じ長さです。bが○と○の縦方向の距離、すなわち今回求めるべきtateIntervalなので、上の式から、

```
sin(60度) = tateInterval / yokoInterval
```

になり、この式を変形する(両辺にyokoIntervalをかけて左右入れ替える)と、

```
tateInterval = yokoInterval * sin(60度)
```

です。60度はラジアン値で表すとMath.PI/3（180度＝πの1/3）なので、

```
let tateInterval = yokoInterval * Math.sin(Math.PI/3);
```

となり、○の縦の間隔がtateIntervalに計算されます。

次に、○の縦の数（unitTateKazu）を計算します（19行目）。これは単純に画面の高さ（screenHeight）を縦の間隔で割ります。ただしこれは「個数」という整数（小数ではない）なので、整数に変換する（切り上げる）Math.ceil関数をかけます。これまで使ってきたparseIntは**切り捨て**で、小数点以下が切り捨てられて、一番下の中途半端な行がなくなってしまって余白ができるので、今回はMath.ceil関数を使って、中途半端な部分も1行にします。

次に、○どうしの間隔yokoIntervalをグローバル変数のunitKyoriに**○の間隔の値**として保存しています（20行目）。これはloop内で○の半径を計算するときに使うので、グローバルで宣言して保存しています。

❺ ○の位置を計算し配列に保存

○の縦横の数と間隔が計算されたので、それぞれの○の位置をこれまでとほとんど同じ方法で計算します。

for文でiを○の数（unitYokoKazu*unitTateKazu）だけ繰り返し（22行目）、その中で縦に何個目か（tateNum）、横に何個目か（yokoNum）を計算します（23、24行目）。そしてX、Y座標値をxとyに計算します（25、26行目）。また、今回は1行ごとに互い違いになるので、**奇数列は横の間隔の半分だけ右にずらして**います（27行目）。▶ Chapter 4-3 p. 077

また、先ほど書いたように、今回はあらかじめmaruという配列変数にそれぞれの値を保存しておくので、i番目の○の配列変数maru[i]をMaru型で、今計算した位置（x, y）で初期化します（28行目）。

これで、配列変数maruは○の数だけ作られて、それぞれの中に位置の情報が格納されます。

❻ 配列に保存されている位置に○を描画

計算された配列変数maruを元に、loop内で描画します。

画面全体をまず消して（34行目。今回は画面が動かないので消してもあまり意味はありませんが）、続くfor文でそれぞれのiに対して処理します（35行目）。

ちなみにmaru.lengthは配列変数maruのデータの数を表します。今回は、unitYokokazu

が20個でunitTateKazuが28個なので○全体の数unitYokoKazu*unitTateKazuは560個になり、maru.lengthは560です。
for文の中では、まず○の半径を計算します（36行目）。これは、先にsetupで計算した○の間隔（unitKyori）の半分です。

○の間隔と半径

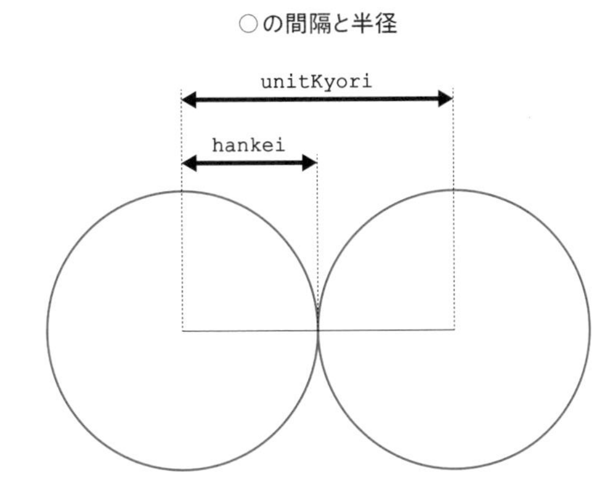

そして、maru[i]の位置(maru[i].x, maru[i].y)に半径がhankeiの円を描きます(38～42行目)。

結果として、行ごとに互い違いのぴったりと敷き詰められた○が描かれます。

7-2 距離によって○の大きさを変える

Sample 7-2 Motion sample ► https://furukatics.com/dm/s/ch7-2/

指の位置によって○の大きさを変えましょう。指とそれぞれの○との距離を測り、近ければ大きく、遠ければ小さくします。

// ソースコードの変更点 //

ch 7_2

```
 1: let unitKyori;
 2: let maru = new Array();
 3:
 4: class Maru{
 5:   constructor(xx, yy){
 6:     this.x = xx;
 7:     this.y = yy;
 8: ❶ 距離変数の追加
 9:     this.kyori = 0;
10:   }
```

```
11: }
  ⋮
25:     maru[i] = new Maru(x, y);
  ⋮
29: function loop(){   //常時実行される
30: ❷指との距離の計算
31:   for(let i=0; i<maru.length; ++i){
32:     maru[i].kyori = Math.sqrt(Math.pow(curYubiX - maru[i].x,
                        2) + Math.pow(curYubiY - maru[i].y, 2));
33:   }
34: 画面サイズの計算
35:   let screenSize = Math.min(screenWidth, screenHeight);
36:
37:   ctx.clearRect(0, 0, screenWidth, screenHeight);
38:   for(let i=0; i<maru.length; ++i){
39: ❸描画半径の計算
40:     let par = maru[i].kyori/screenSize;
41:     par = Math.min(par, 1);
42:     let parR = 1 - par;
43:
44:     let hankei = unitKyori / 2;
45:     hankei = hankei * parR;
46:
47:     ctx.strokeStyle = "black";
48:     ctx.lineWidth = 2;
49:     ctx.beginPath();
50:     ctx.arc(maru[i].x, maru[i].y, hankei, 0, Math.PI*2,
                true);
51:     ctx.stroke();
52:   }
53: }
```

指との距離という要素が加わったので、その部分が追加されています。

❶ 距離変数の追加

指とそれぞれの○との**距離**を測ります。この値も**位置**と同じようにmaru[i]の中で管理します。そこで、Maruクラス内にkyoriという変数を追加しました。ただし、初期化の段階では距離は測られてないので、値はとりあえず0にしています。また、setup内から初期化するとき（25行目）は、初期化情報は位置だけなので、引数などは前回から変わっていません。

❷ 指との距離の計算

loop 内の for 文で、それぞれの○を巡回し（31 行目）、それぞれの○と指との距離を計算します（32 行目）。

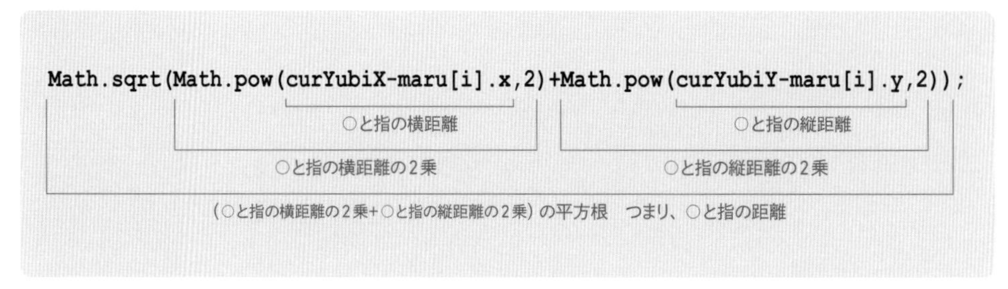

この**距離の計算**はいわゆる**ピタゴラスの定理**や**三平方の定理**と呼ばれる計算方法を使っています。

ピタゴラスの定理

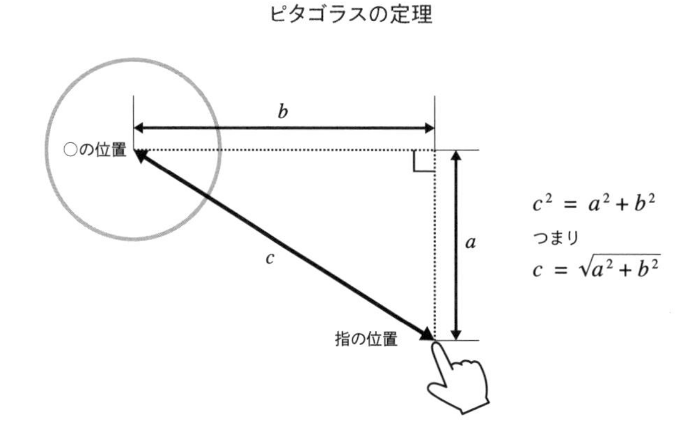

ピタゴラスの定理とは**○と指の直線距離 c は、縦の距離 a の２乗と横の距離 b の２乗を足したものに平方根（√‾）をかけたものに等しい**というものです。これをプログラミングとして書いたものが上の式です。

Math.pow はベキ乗（乗じること、何乗にするか）を計算し、例えば Math.pow(2, 3) と書くと、２の３乗（8）を計算します。式の中の、

```
Math.pow(curYubiX - maru[i].x, 2)
```

は、現在の指と○の X 座標の差、すなわち横方向の距離の２乗、Math.pow(curYubiY - maru[i].y, 2) が縦方向の距離の２乗を計算します。Math.sqrt は平方根（√‾）を計算するので○と指の距離が maru[i].kyori に計算されます。

❸ 描画半径の計算

これらの値から、それぞれの○の大きさを計算します。

その前に、この距離と○の大きさの関係について解説します。*Sample 7-2* を見ると、指に一番近い○が従来の大きさ、そこから横方向に考えたときに一番遠いところで半径が0、つまり大きさが0になっています。

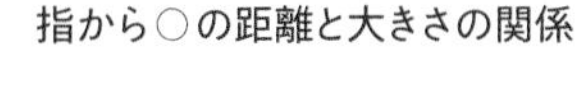
指から○の距離と大きさの関係

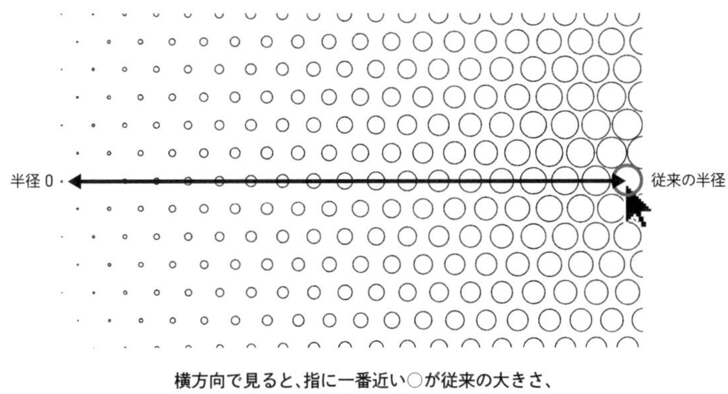

横方向で見ると、指に一番近い○が従来の大きさ、
一番遠い○の半径が0

プログラミングの中でもこのようにしていて、画面の縦横の短い方を基準にして（今回は横幅が短いので横幅を基準にして）、指と○との距離とその基準の長さ（横幅）からそれぞれの○の半径を決めます。

ソースコードを見ていきましょう。まず画面の縦横の短い方を screenSize に計算します（35行目）。今回は、画面の横幅（screenWidth）の方が小さいので、screenSize には screenWidth（1280）が入ります。

そこから**遠ければ小さく、近ければ大きな値**を計算します（40〜42行目）。まず**画面サイズ中の、○と指の距離の割合**を計算します（40行目）。screenSize は画面の横の長さなのでこれを基準にして、○と指の距離は何％なのかを計算します。次の図のような場合、グレーの○と指の距離（maru[i].kyori）は screenSize 以内、つまり maru[i].kyori/screenSize は1（100%）以内で、赤い○は、maru[i].kyori は screenSize 以上、つまり maru[i].kyori/screenSize は1（100%）以上です。

指から○の距離と色の関係

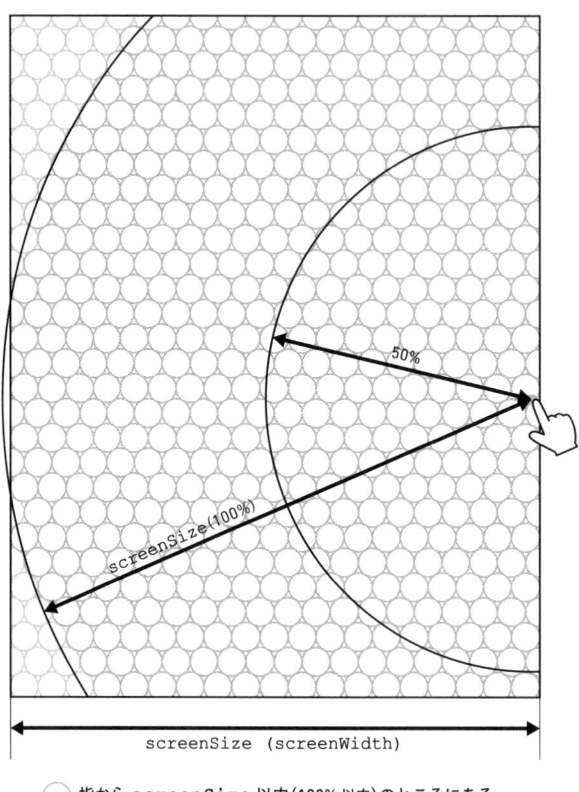

そして、図の赤い○は1以上なので、後ほどこの値で半径を決める際に意図しない大きさになりかねないので、1以上になってしまった値を0～1の範囲内に修正しています（41行目）。ちなみに今回はparは0以下にはならないので下限に揃える処理はしていません。

このようにして指と○の距離に応じて0～1で値が変わるparを計算しました。ここで再び***Sample 7-2***を見てみましょう。○の半径は指と○の距離が近ければ大きく、遠ければ小さくなっています。しかし、parは指と○の距離が近ければ小さく、遠ければ大きくなります。つまり反対です。そこで、parの値を1から引いて、その値を**反転**します（42行目）。例えば

parが0のときは、parRは $1-0=1$

parが0.2のときは、parRは $1-0.2=0.8$

parが0.8のときは、parRは $1-0.8=0.2$

parが1のときは、parRは$1-1=0$
というようにparが0→1に変化すると、変数parRは1→0に変化し、値が**反転**します。

指と○の距離によって1〜0に変化する数値parRが作れたので、これを半径に反映します（44、45行目）。
前回と同様にまずぴったりと敷き詰めたときの半径を計算して（44行目）、それに、指と○の距離によって1〜0に変化する値parRをかけると（45行目）、**遠ければ小さく**なります。

ちなみに、ここでそれぞれの○の半径（hankei）が計算されて確定して、描画は単純にその値（変数）を使って描くだけので、描画の部分（47〜51行目）は前回から変更はありません。

7-3 方向を考慮する

Sample 7-3 Motion sample ► https://furukatics.com/dm/s/ch7-3/

atan（アークタンジェント）関数を使って、○を指の方向に向けましょう。

// ソースコードの変更点 //

ch 7_3

```
 4: class Maru{
 5:   constructor(xx, yy){
 6:     this.x = xx;
 7:     this.y = yy;
 8:     this.kyori = 0;
 9: ❶ 角度変数の追加
10:     this.kakudo = 0;
  ⋮
30: function loop(){   //常時実行される
31:   for(let i=0; i<maru.length; ++i){
32:     maru[i].kyori = Math.sqrt(Math.pow(curYubiX - maru[i].x,
                        2) + Math.pow(curYubiY - maru[i].y, 2));
```

```
33: ❷ 指との角度の計算
34:     maru[i].kakudo = Math.atan2(curYubiY - maru[i].y,
                             curYubiX - maru[i].x);
 ⋮
46:     hankei = hankei * parR;
47: ❸ 角度の描画
48:     ctx.fillStyle = "rgb("+parR*255+", "+parR*255+",
                                "+parR*255+")";
49:     ctx.beginPath();
50:     ctx.arc(maru[i].x, maru[i].y, hankei, maru[i].kakudo-
              Math.PI/2, maru[i].kakudo+Math.PI/2, true);
51:     ctx.fill();
```


指との角度という要素が加わったので、その部分が追加されています。

❶ 角度変数の追加

前回の *Sample 7-2* の距離変数（kyori）と同様に、指との角度を管理する変数（kakudo）を追加します。まだ角度は測られていないのでとりあえず 0 にしています。

❷ 指との角度の計算

これも前回の *Sample 7-2* での距離の場合と同様に、loop の中で、それぞれの○と指との角度を atan 関数を使って計算します。

三角関数 sin、cos、tan は次の図のような、直角三角形の**辺の比**です。これに対して、asin、acos、atan は**逆関数**と呼ばれ、それぞれに**辺の比**を投入すると、逆に角度 k が計算されます。

逆関数

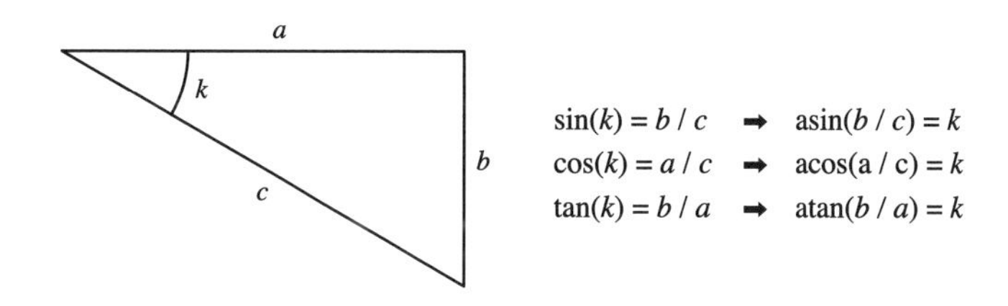

この逆関数を使って、**指と○の X 座標の差と、Y 座標の差の比**（辺の比）から**○と指との角度**を計算し、それを maru[i].kakudo に保存します。

```
Math.atan2( curYubiY - maru[i].y , curYubiX - maru[i].x );
```

○から指への縦方向の距離
※1つ目の引数がY方向

○から指への横方向の距離
※2つ目の引数がX方向

○から指への角度

○と指との角度

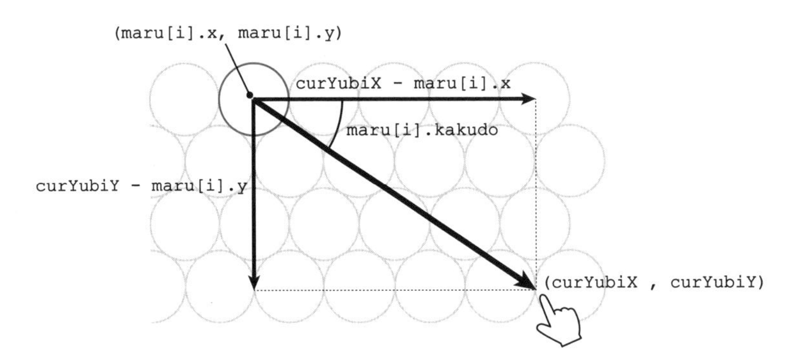

Math.atan2 が atan を計算する関数で、1つ目の引数に **Y軸方向の長さ**、2つ目の引数に **X軸方向の長さ**を指定すると、角度がラジアン値で計算されます（一般的な他の関数は「X、Y」の順番で指定するのに対して、Math.atan2 の引数には「Y、X」の順番であることに注意してください）。

❸ 角度の描画

この○と指との角度から、○の中に指の方向を向いた半円を描きます。

まず塗り色を設定します（48行目）。今回は**指に近いほど明るく**しています。parR は指から一番遠いところが0、指に近づくほど大きくなる（～1）ので parR*255 は 0～255 です。つまり、

```
"rgb("+parR*255+", "+parR*255+", "+parR*255+")"
```

は、指から遠ければ "rgb(0, 0, 0)" になり黒、指に一番近づいたところで "rgb(255, 255, 255)" で白になります。

次にそれぞれの○に**指の方向を向いた半円**を描きます（50行目）。それぞれの○と指との角度は maru[i].kakudo に入っています。描くべき半円は、次の図のようにその角度から左右に90度（Math.PI/2）振れた角度間を始点から終点まで描くので結果として**指の方向を向いた半円**が描か

れます。

指の方向を向いた半円

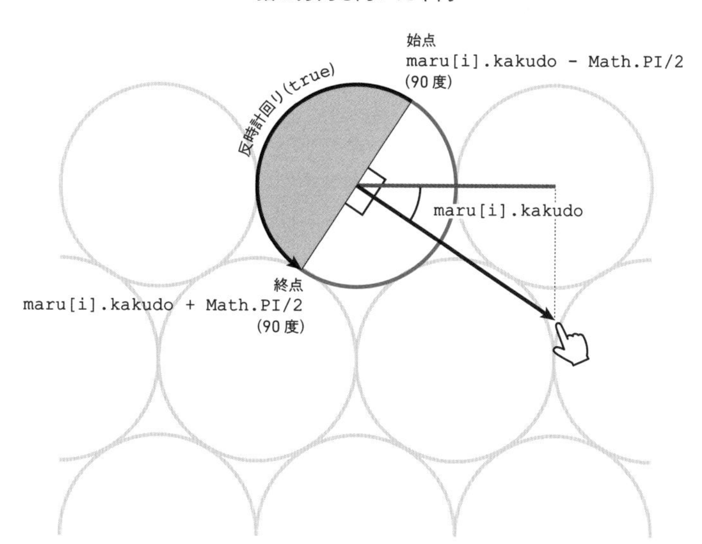

7-4 なぞった部分を覚えておく

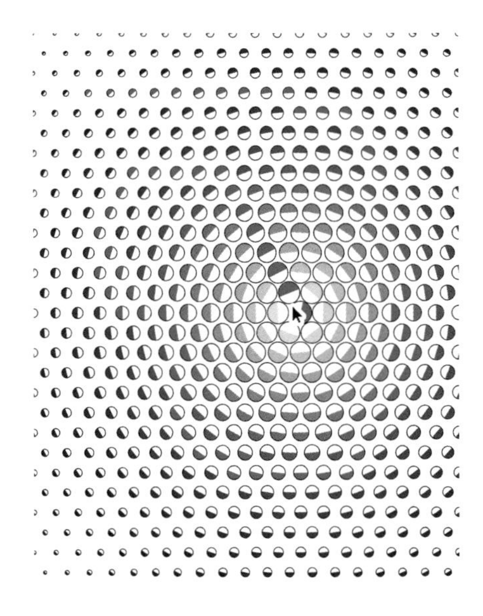

Sample 7-4 Motion sample ► https://furukatics.com/dm/s/ch7-4/

指でなぞった部分を赤く残します。またタッチやクリックするたびに赤い部分が初期化されてなくなります。このなぞった部分を**残す**や**覚えておく**という仕組みに**配列変数**や**クラス**が便利なことがわかります。

// ソースコードの変更点 //

ch 7_4

```
 4: class Maru{
 5:   constructor(xx, yy){
  ⋮
10: ❶ なぞられた変数の追加
11:     this.touched = false;
12:   }
  ⋮
31: function loop(){   //常時実行される
32:   for(let i=0; i<maru.length; ++i){
```

```
33:     maru[i].kyori = Math.sqrt(Math.pow(curYubiX - maru[i].x,
                          2) + Math.pow(curYubiY - maru[i].y, 2));
34:     maru[i].kakudo = Math.atan2(curYubiY - maru[i].y,
                           curYubiX - maru[i].x);
35:  ❷ なぞられたかどうかの判断
36:     if(maru[i].kyori < unitKyori / 2){
37:       maru[i].touched = true;
38:     }
39:   }
 ⋮
44:   for(let i=0; i<maru.length; ++i){
 ⋮
52:     ctx.fillStyle = "rgb("+parR*255+", "+parR*255+",
                             "+parR*255+")";
53:  ❸ なぞられていたら赤くする
54:     if(maru[i].touched) ctx.fillStyle = "red";
55:     ctx.beginPath();
56:     ctx.arc(maru[i].x, maru[i].y, hankei, maru[i].kakudo-
                Math.PI/2, maru[i].kakudo+Math.PI/2, true);
57:     ctx.fill();
 ⋮
67: function touchStart(){   //タッチ（マウスダウン）されたら
68:  ❹ タッチされたら初期化
69:   for(let i=0; i<maru.length; ++i){
70:     maru[i].touched = false;
71:   }
72: }
```

今回は配列変数に**なぞられたかどうか**という要素が加わったので、その部分が追加されています。

❶ なぞられた変数の追加

これまでの距離変数や角度変数の追加と同様に、この○が指でなぞられたかどうかを管理する変数（touched）を、最初は**なぞられていない**ので、false値を代入して追加します。

❷ なぞられたかどうかの判断

loopの中で、それぞれの○がなぞられたかどうかを判断して、なぞられていた（指が○に近かった）らmaru[i].touchedをtrue（なぞられた）にします（36～38行目）。
for文の中でmaru[i].kyoriには指と○の距離が計算されています（33行目）。それと○の半径（unitKyori/2）を比べて、指と○の距離（maru[i].kyori）の方が小さければ、指は○の中に入っている、すなわち**なぞられた**ので、maru[i].touchedの値をtrueにします。これでそれぞれの○がなぞられたのか否かを**覚えて**おけます。

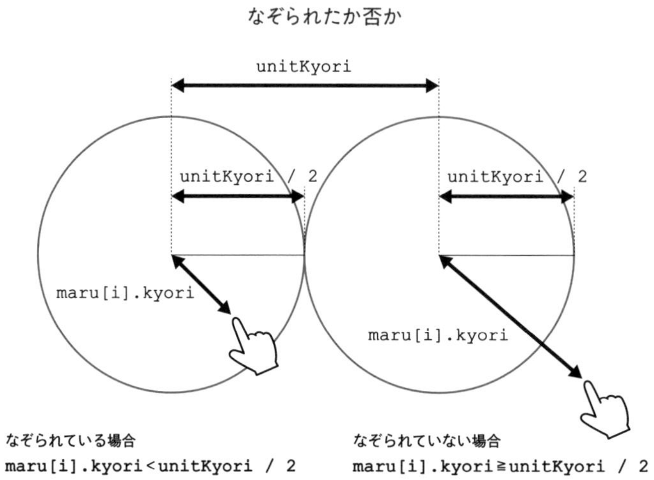

なぞられたか否か

unitKyori

unitKyori / 2

unitKyori / 2

maru[i].kyori

maru[i].kyori

なぞられている場合
maru[i].kyori<unitKyori / 2

なぞられていない場合
maru[i].kyori≧unitKyori / 2

❸ なぞられていたら赤くする

描画は、まず一旦今までどおりに、遠いものは黒く、近いものは白くしておき（52行目）、次に○がなぞられいたならば赤くします。これで、なぞられた○だけが赤くなります。

❹ タッチされたら初期化

画面をタッチ（クリック）したら、初期化（すべての○がなぞられていない状態に）します。**画面上にタッチ（クリック）された**ときに実行されるtouchStart関数内に、

```
for(let i=0; i<maru.length; ++i){
  maru[i].touched = false;
}
```

と書き、すべての○のmaru[i].touchedをfalse（なぞられていない）にします（69〜71行目）。ここで、すべてのmaru[i].touchedをfalseにするので、loopの中では単純にmaru[i].touchedの値を参照して、trueだったら赤くするという処理なので、結果として、画面をタッチしたら赤い○がなくなります。

7-5 指の方向に線を描く

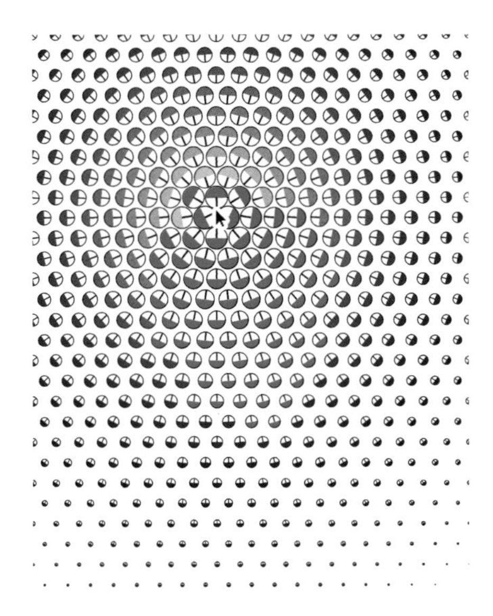

Sample 7-5　Motion sample ► https://furukatics.com/dm/s/ch7-5/

最後に、アクセントとして、また三角関数の復習としてsinカーブを使った**揺らぎ**を加えてみましょう。完成形は次の*Sample 7-6*になりますが、まずは揺らぐ前に指の方向に向けて黒い線を描きます。

// ソースコードの変更点 //

ch7_5

```
32: function loop(){  //常時実行される
 ⋮
50:     hankei = hankei * parR;
51: ❶ 指の方向に線を描画
52:     ctx.strokeStyle = "black";
53:     ctx.lineWidth = parR*5;
54:     let x1 = hankei*Math.cos(maru[i].kakudo);
55:     let y1 = hankei*Math.sin(maru[i].kakudo);
56:     ctx.beginPath();
57:     ctx.moveTo(maru[i].x, maru[i].y);
```

```
58:     ctx.lineTo(maru[i].x+x1, maru[i].y+y1);
59:     ctx.stroke();
```

❶ 指の方向に線を描画

線の色を黒くして（52 行目）、線幅を**指に近ければ太く**します（53 行目）。parRは遠ければ 0、指に近づくほど 1 に近づくので parR*5 は指に近いほど 5 に近づいて太くなります。

そして○から指への角度（maru[i].kakudo）と○の半径（hankei）から○の円周上の位置 x1、y1 を計算しています（54、55 行目）。► Chapter 5-1 p. 095

○の中心から円周上までの直線

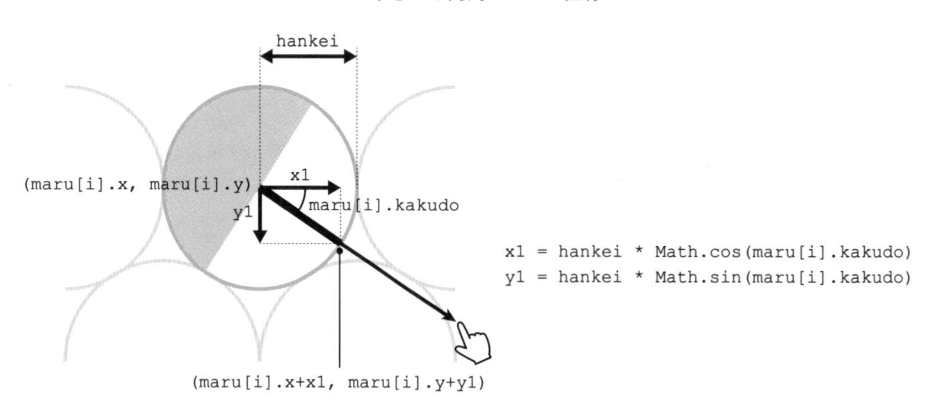

これで描画するための材料が揃ったので、○の中心（maru[i].x, maru[i].y）から円周上の位置（maru[i].x+x1, maru[i].y+y1）まで直線を描きます（56～59 行目）。

7-6 指の方向の線が揺らぐ

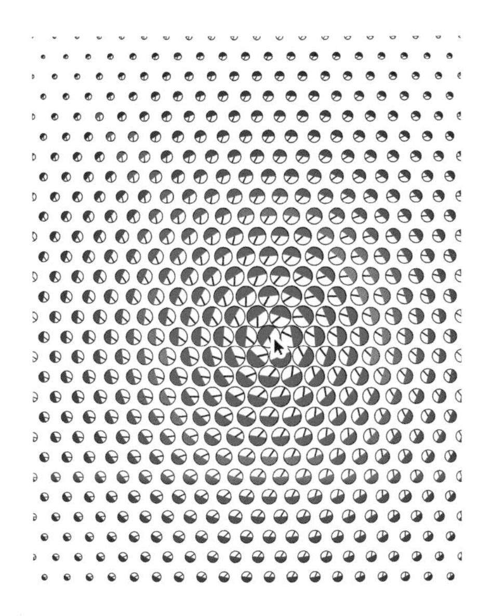

Sample 7-6 Motion sample ► https://furukatics.com/dm/s/ch7-6/

Sample 7-5 で作った線に揺らぎを持たせましょう。sinカーブを活用して、1秒単位で左右に揺れます。

// ソースコードの変更点 //

ch7_6

```
30: function loop(){   //常時実行される
 ⋮
42:   for(let i=0; i<maru.length; ++i){
 ⋮
52: ❶ 揺らぎの角度の計算
53:     let fureKakudo = Math.sin(new Date().getTime()/1000*Math.
                                  PI*2) * Math.PI*0.2;
54: ❷ 揺らぎの角度を加味
55:     let x1 = hankei*Math.cos(maru[i].kakudo + fureKakudo);
56:     let y1 = hankei*Math.sin(maru[i].kakudo + fureKakudo);
57:     ctx.beginPath();
```

❶ 揺らぎの角度の計算

1秒単位で左右に揺れる角度をsinを使って計算しておいて、それを○の指に向いている線の角度に加算します。結果として、それぞれの線が1秒単位で左右に揺れます。

まず、揺れるの角度の計算です。次の図のように、指への向きを中心に左右に36度(Math.PI*0.2)揺らぎます。► Chapter 5-2 p. 101

線の揺らぎ

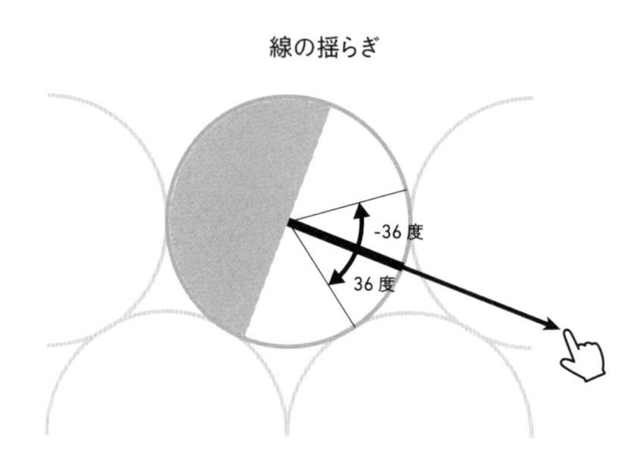

式の内部を見ていきましょう。

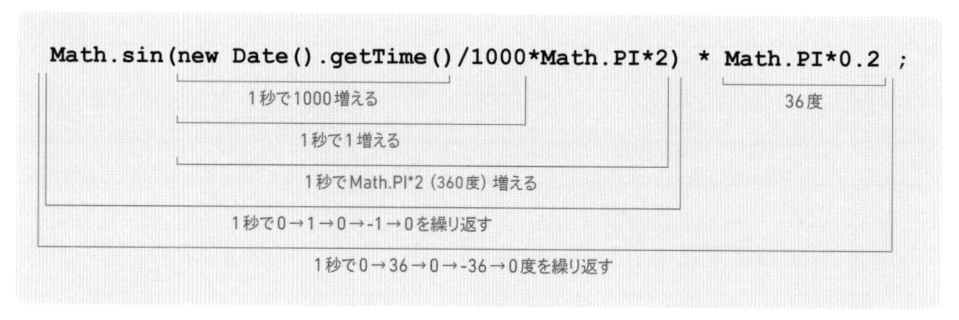

new Date().getTime()は1秒間に1000ずつ増えて、それを1000で割ると1秒間に1ずつ増えます。それにMath.PI*2（360度）をかけると1秒間に360度、つまり1秒間に1周します。

この1秒間に1周する値をsinにあてはめると1秒間に0→1→0→-1→0をスムーズに繰り返します。

1秒間に-1〜+1を往復する値に36度（Math.PI*0.2）をかけると、1秒間に-36度〜+36度を往復します。このように、これまでのような0〜1ではなく、-1〜+1に値をまとめることで左右に振れる動きを作ることができます。

❷ 揺らぎの角度を加味

この`fureKakudo`を指への角度（`maru[i].kakudo`）に加算すると、円周上の位置（`x1, y1`）は指への角度に対して、1秒間に-36度〜+36度をスムーズに往復する揺らぎを生み出します（55、56行目）。

この*Sample 7-6*のように、sinカーブは角度の計算だけではなく、**スムーズな動き**にも活用できます。

ONE POINT

なぜatanではなくatan2なのか?

三角関数sin、cos、tanの逆関数であるasin（アークサイン）、acos（アークコサイン）、atan（アークタンジェント）は数学の中でこのような表記で使われasin、acosについてはJavaScriptの中でも`Math.asin()`、`Math.acos()`として実装されています。

ただし、atanについては、このChapterで紹介したのは、`Math.atan()`ではなく`Math.atan2()`というように「2」がついています。これはなぜでしょうか？

前述したように、JavaScriptでも（他のプログラミング言語も）、`Math.atan()`は実装されています。しかし、そのままだと「無限大」という値を指定しなくてはいけない場合があり、コンピュータでは扱えないので第2の`atan`として`atan2`が提供されています。

`tan`の引数には図のような角度kを渡します。すると`tan`は図のa/cという辺の長さの比の値を返します。0度のときはcが半径だけどaが0なので0、45度のときはaとcの長さが同じなので1、90度のときはcが0になるので、無限大になります。ただしコンピュータは無限大が扱えないので、実際にはJavaScriptが扱える最大値が計算されて返ってきます。

`atan`は逆に、この返ってくる値を指定すると、角度が返ってきます。そこで、値を指定したいところですが、先のように、90度に関しては「無限大」というコンピュータでは扱えない値を指定しなくてはいけません。そこで、a/cの値ではなく、aとcの値を分けて指定する`atan2`が実装されました。

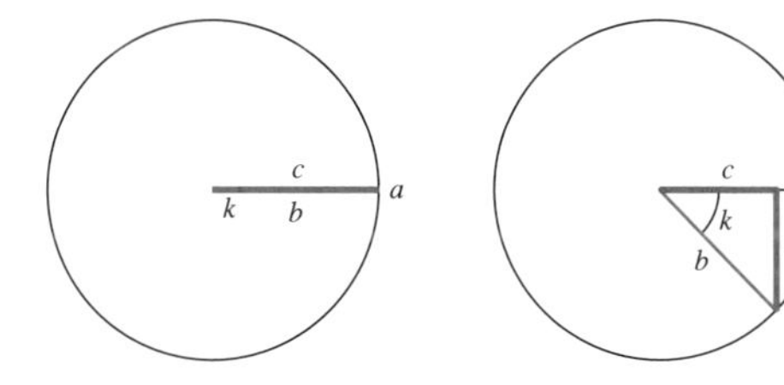

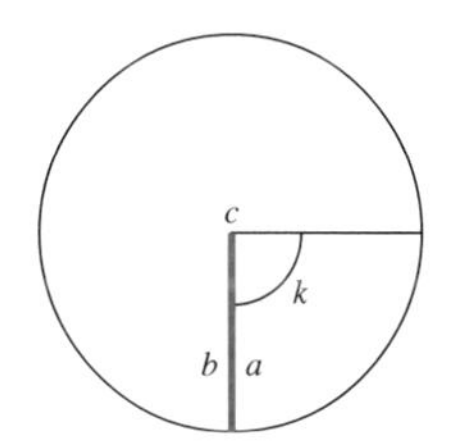

Chapter 8

一次変換

Primary conversion

「回転」について考えてみましょう。
画面上をタッチ（マウスダウン）すると、●が指を中心に回転します。指を動かしても、その位置を中心に回転します。
また、回転の半径は250ごとに赤色で反時計回り、黒色で時計回りを繰り返します。

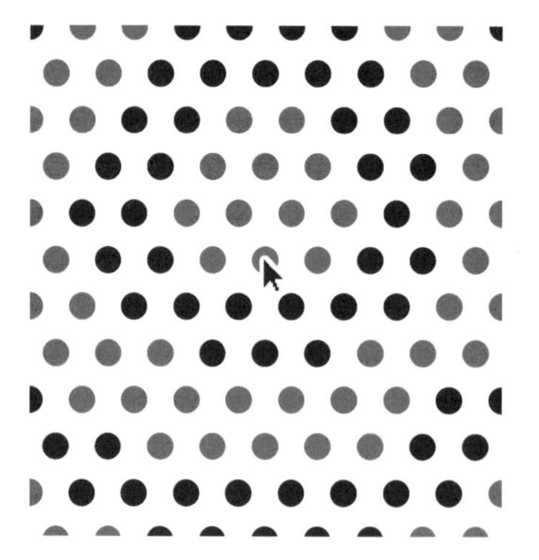

Motion sample ► https://furukatics.com/dm/s/ch8-7/

8-1 ●を敷き詰める

Sample 8-1

●を *Chapter 7* と同じ方法で敷き詰めます。

// ソースコード //

ch8_1

```
1:  ❶変数の宣言
2:  let unitKyori;
3:  let maru = new Array();
4:  ❷クラスの宣言
5:  class Maru{
6:    constructor(xx, yy){
7:      this.x = xx;
8:      this.y = yy;
9:    }
10: }
11:
```

```
12: function setup(){ //最初に実行される
13: 位置の計算
14: ❸横の数と間隔
15:   let unitYokoKazu = 10;
16:   let yokoInterval = screenWidth / (unitYokoKazu-1);
17: ❹縦の間隔と数
18:   let tateInterval = yokoInterval * Math.sin(Math.PI/3);
19:   let unitTateKazu = Math.ceil(screenHeight /
                                 tateInterval)+1;
20:   unitKyori = yokoInterval;
21: ❺位置の計算と保存
22:   for(let i=0; i<unitYokoKazu*unitTateKazu; ++i){
23:     let tateNum = parseInt(i / unitYokoKazu);
24:     let yokoNum = i % unitYokoKazu;
25:     let x = yokoInterval*yokoNum;
26:     let y = tateInterval*tateNum;
27:     if(tateNum % 2 == 0)  x -= yokoInterval/2;
28:     maru[i] = new Maru(x, y);
29:   }
30: }
31:
32: function loop(){  //常時実行される
33: ❻描画
34:   ctx.clearRect(0, 0, screenWidth, screenHeight);
35:   for(let i=0; i<maru.length; ++i){
36: 半径は●の距離の1/4
37:     let hankei = unitKyori / 4;
38:     ctx.fillStyle = "black";
39:     ctx.beginPath();
40:     ctx.arc(maru[i].x, maru[i].y, hankei, 0, Math.PI*2,
            true);
41:     ctx.fill();
42:   }
43: }
44:
45: function touchStart(){  //タッチ（マウスダウン）されたら
46:
47: }
48:
49: function touchMove(){ //指が動いたら（マウスが動いたら）
```

```
50:
51: }
52:
53: function touchEnd(){   //指が離されたら（マウスアップ）
54:
55: }
```

❶ 変数の宣言　❷ クラスの宣言　❸ 横の数と間隔　❹ 縦の数と間隔　❺ 位置の計算と保存　❻ 描画

位置の計算方法は前回と同じですが、●は横に10個並んでいるので`unitYokoKazu`は`10`（15行目）、また、描画の際にぴったりとくっつけるのではなく、●の大きさ1つ分を開ける（●が半分の大きさになる）ので、半径は前回の`unitKyori/2`の半分の`unitKyori/4`です（37行目）。また、枠線ではなく塗りつぶしています（41行目）。►Chapter 7-1 p.145

8-2 ●全体を回転する

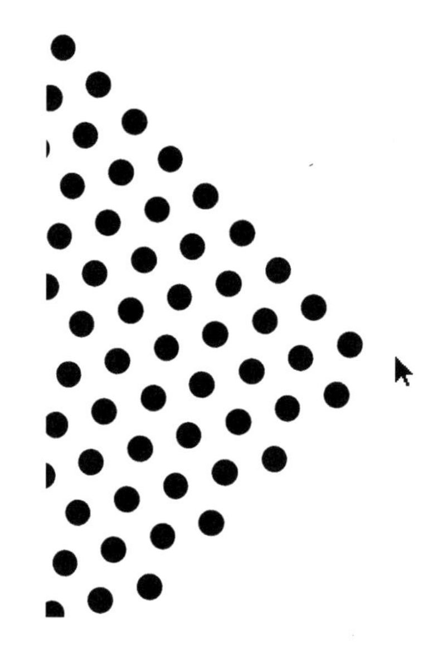

Sample 8-2　Motion sample ► https://furukatics.com/dm/s/ch8-2/

画面をタッチすると●全体が画面の左上(0, 0)を基準に回転します。ここでは、画面上の点を回転させる**一次変換**という考え方を学びます。

ソースコードの変更点

ch 8_2

```
27: function loop(){   //常時実行される
28: ❶ 原点を中心にそれぞれの●を回転
29:   for(let i=0; i<maru.length; ++i){
30:     if(yubiTouched){
31:       let xx = maru[i].x * Math.cos(Math.PI/36) - maru[i].y
                   * Math.sin(Math.PI/36);
32:       let yy = maru[i].x * Math.sin(Math.PI/36) + maru[i].y
                   * Math.cos(Math.PI/36);
33:       maru[i].x = xx;
```

```
34:         maru[i].y = yy;
35:       }
36:     }
```

一次変換とは次の図のようなもので、

一次変換

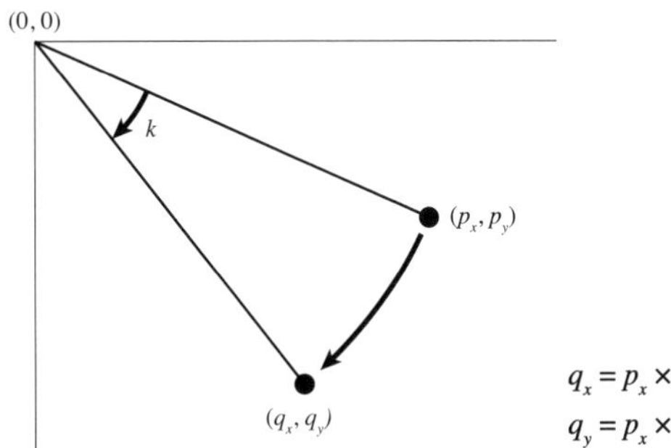

$$q_x = p_x \times \cos(k) - p_y \times \sin(k)$$
$$q_y = p_x \times \sin(k) + p_y \times \cos(k)$$

このような公式を使うと、(p_x, p_y) が原点 (0, 0) を中心に角度 k だけ回転した座標が (q_x, q_y) に計算されます。とても便利な公式です。ここではこの仕組みを使います。

❶ 原点を中心にそれぞれの●を回転

loop の中の for 文（29 ～ 36 行目）で、一つひとつの●に対して、画面タッチされていたら回転させるのでその判断をします(30行目)。タッチされていたら、●の位置（maru[i].x, maru[i].y）を Math.PI/36 ラジアン（=5 度）だけ回転させて、（xx, yy）に計算します（31、32 行目）。この Math.PI/36 ラジアンという値に深い意味はありません。このように計算された回転後の座標（xx, yy）を新たな●の位置として maru[i].x、maru[i].y に上書きします（33、34 行目）。

このように全ての●が（0, 0）を基準にして５度回転することが繰り返されるので、結果として●全体が画面の左上を基準に回転します。

8-3 指の位置で●全体が回転する

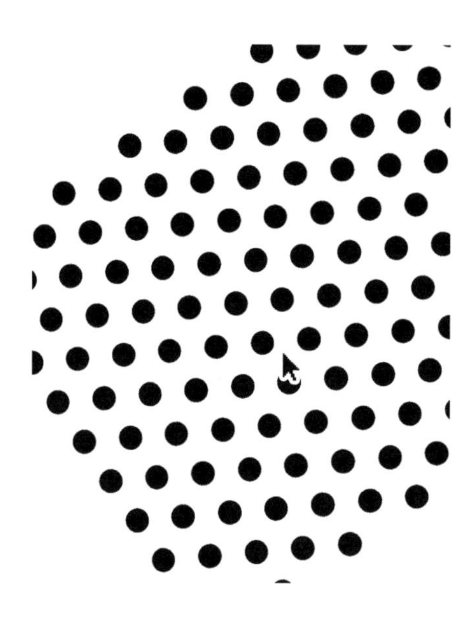

Sample 8-3 Motion sample ► https://furukatics.com/dm/s/ch8-3/

任意の位置を基準に回転させます。*Sample 8-2* では左上の原点を基準に回りましたが、この *Sample 8-3* は指の位置を基準に回転します。

// ソースコードの変更点 //

ch 8_3

```
27:  function loop(){   //常時実行される
28:  指の位置を中心に回転
29:    for(let i=0; i<maru.length; ++i){
30:      if(yubiTouched){
31:  ❶ 原点を指の位置まで移動
32:        let xx1 = maru[i].x - curYubiX;
33:        let yy1 = maru[i].y - curYubiY;
34:  ❷ 一次変換で回転
35:        let xx2 = xx1 * Math.cos(Math.PI/36) - yy1 * Math.
                 sin(Math.PI/36);
```

```
36:         let yy2 = xx1 * Math.sin(Math.PI/36) + yy1 * Math.
                     cos(Math.PI/36);
37:  ❸原点を戻す
38:         let xx3 = xx2 + curYubiX;
39:         let yy3 = yy2 + curYubiY;
40:         maru[i].x = xx3;
41:         maru[i].y = yy3;
42:     }
43: }
```

一次変換は(0, 0)を基準に回転する公式です。これを指などの任意の位置を基準に回転させるには次の図の順番で点を移動します。

点の移動の順番

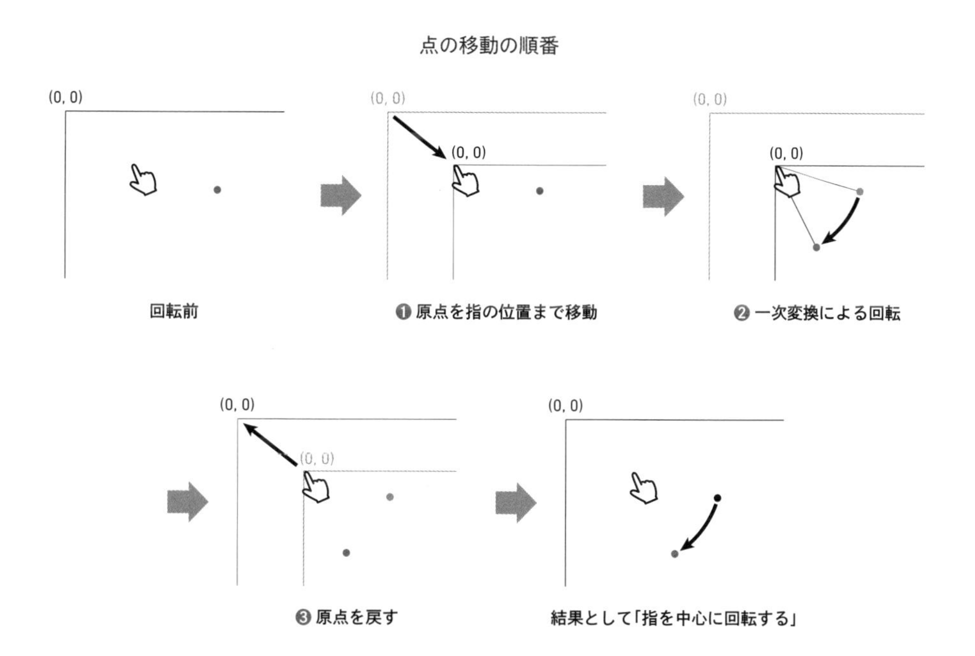

回転前　❶原点を指の位置まで移動　❷一次変換による回転

❸原点を戻す　結果として「指を中心に回転する」

❶原点を指の位置まで移動

原点を指の位置(curYubiX, curYubiY)まで移動します(32、33行目)。つまり、xx1、yy1には指の位置(curYubiX, curYubiY)が原点になったときの●の座標値が計算されます。例えば次の図のように、●が(300, 200)で、指が(170, 80)だったら、xx1は130、yy1は120で、指の位置を(0, 0)としたときの相対的な位置になります。

●の座標値

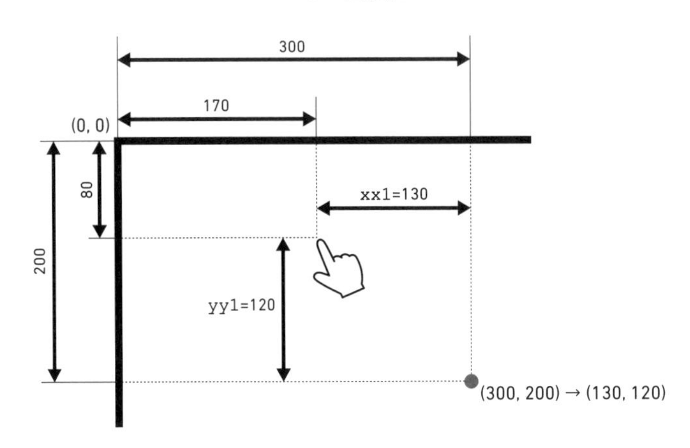

❷ 一次変換で回転

指の位置が原点になったので一次変換で、xx2、yy2にMath.PI/36ラジアン（5度）回転した位置を計算します（35、36行目）。

❸ 原点を戻す

最後に再び原点を元の(0, 0)の位置に戻します（38、39行目）。

これで任意の位置を中心に点を回転できます。また、指の位置（curYubiX, curYubiY）は常に変化していますが、loopの中で毎回この計算をしているので、指の位置が変わってもそれに伴って、回転の中心も移動します。

8-4 指との距離で回転方向を変える

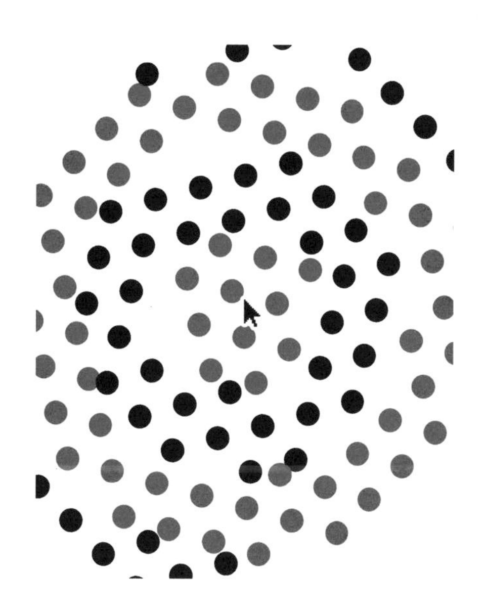

Sample 8-4 Motion sample ► https://furukatics.com/dm/s/ch8-4/

指からの距離で回転方向と色を変化させます。指からの距離が250ごとに反時計回りで赤、時計回りで黒に変わります。

// ソースコードの変更点 //

ch8_4

```
 4: class Maru{
 5:   constructor(xx, yy){
 6:     this.x = xx;
 7:     this.y = yy;
 8: ❶ 回転方向の変数
 9:     this.muki = 1;
  ⋮
29: function loop(){   //常時実行される
30:   for(let i=0; i<maru.length; ++i){
```

```
31:     if(yubiTouched){
32: ❷ 回転方向の計算
33:       let kyori = Math.sqrt(Math.pow(curYubiX-maru[i].x,2)
                        +Math.pow(curYubiY-maru[i].y,2));
34:       let kyoriPar = parseInt(kyori / 250);
35:       let par = ((kyoriPar % 2)-0.5)*2;
36:       maru[i].muki = par;
37:       let xx1 = maru[i].x - curYubiX;
38:       let yy1 = maru[i].y - curYubiY;
39: ❸ それぞれ回転方向に回転
40:       let xx2 = xx1 * Math.cos(maru[i].muki*Math.PI/36) -
                    yy1 * Math.sin(maru[i].muki*Math.PI/36);
41:       let yy2 = xx1 * Math.sin(maru[i].muki*Math.PI/36) +
                    yy1 * Math.cos(maru[i].muki*Math.PI/36);
42:       let xx3 = xx2 + curYubiX;
43:       let yy3 = yy2 + curYubiY;
44:       maru[i].x = xx3;
45:       maru[i].y = yy3;
46:     }
47:   }
 ⋮
52: ❹ 回転方向による色分け
53:     if(maru[i].muki > 0)  ctx.fillStyle = "black";
54:     else       ctx.fillStyle = "red";
55:     ctx.beginPath();
```

Designing Math. 実践

❶ 回転方向の変数

Maru クラスに、回転方向を管理する変数 muki を新しく加えます。ここには、●の回転速度を入れます。＋の値だと時計回り、－だと反時計回りです。最初の値は 1（時計回りに 1 倍速）です。

❷ 回転方向の計算

loop の中で、回転方向を計算します（33 ～ 36 行目）。

まず、指と●の距離を kyori に計算します（33 行目）。► Chapter 7-2 p. 152

次に、回転方向を計算するために、次の図のような **250 ごとの区切りの個数**を parseInt(kyori/250) で、kyoriPar に計算します（34 行目）。

250ごとの区切りの個数

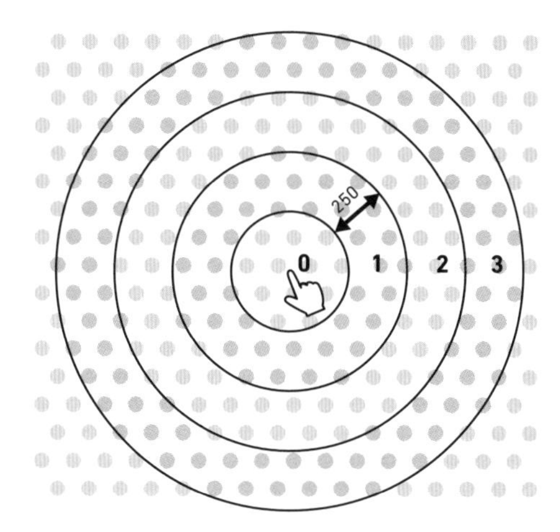

kyori/250で、kyoriの中に250が何個あるかが、例えば834だったら834/250 = 3.336個といった感じで小数点以下を含めて計算されるので、parseIntで小数点以下を消して、834だったら3個と計算します。

この個数（kyoriPar）が偶数だったら反時計回り、奇数だったら時計回りという計算をします（35行目）。

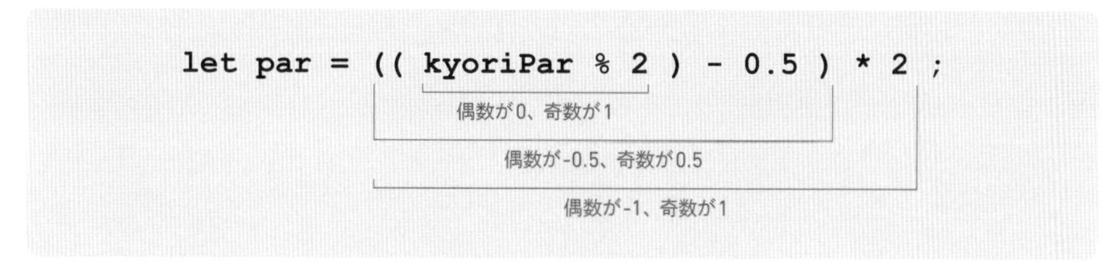

まず、kyoriPar % 2で偶数は0、奇数は1と計算して、その値から0.5を引いて、偶数は-0.5、奇数は0.5にします。その値を2倍して偶数は-1、奇数は1にします。
偶数と奇数を-1と+1に割り振るこの式は、さまざまなシーンで活用できるので、覚えておくと便利です。
最後にこうして計算した値parを、**回転速度の値**としてmaru[i].mukiに保存します（36行目）。

❸ それぞれ回転方向に回転

その回転方向を一次変換の回転角度に反映させます。先ほどは

```
let xx2 = xx1 * Math.cos(Math.PI/36) - yy1 * Math.sin(Math.
            PI/36);
let yy2 = xx1 * Math.sin(Math.PI/36) + yy1 * Math.cos(Math.
            PI/36);
```

のように、すべての●に、一律にMath.PI/36 ラジアンの回転をさせていたのに対して、今回は、

```
let xx2 = xx1 * Math.cos(maru[i].muki*Math.PI/36) -
            yy1 * Math.sin(maru[i].muki*Math.PI/36);
let yy2 = xx1 * Math.sin(maru[i].muki*Math.PI/36) +
            yy1 * Math.cos(maru[i].muki*Math.PI/36);
```


として、それぞれの●の回転方向（1 か -1）が掛け合わされるので、結果として、距離が 250 ごとに時計回りと反時計回りに切り替わります。

❹ 回転方向による色分け

そして、描画で、maru[i].muki が 0 より大きい、すなわち + だったら（奇数行）黒く、それ以外、すなわち − だったら（偶数行）赤くしています（53、54 行目）。

これで指からの距離が 250 ごとに、反時計回りで赤、時計回りで黒になります。

8-5 残像を残す

Sample 8-5　Motion sample ► https://furukatics.com/dm/s/ch8-5/

残像を残しましょう。残像を残すと**回転**の印象が強くなります。

// ソースコードの変更点 //

ch 8_5

```
28: function loop(){  //常時実行される
 ⋮
45: ❶ 前の画面をうっすら残す
46:   ctx.fillStyle = "rgba(255, 255, 255, 0.1)";
47:   ctx.rect(0, 0, screenWidth, screenHeight);
48:   ctx.fill();
49:   for(let i=0; i<maru.length; ++i){
```

❶ 前の画面をうっすら残す

今までは loop の中で毎度

```
ctx.clearRect(0, 0, screenWidth, screenHeight);
```

で、画面全体を完全に消して真っ白な状態にしてから新たに描画していました。それを**少し残す**ようにします。新たに画用紙で覆いかぶせるのではなく、トレーシングペーパー(半透明の紙）をかぶせるというイメージでしょうか。毎回、半透明の紙をかぶせるので、一度描いた●は徐々に薄くなります。

徐々に薄くなる●

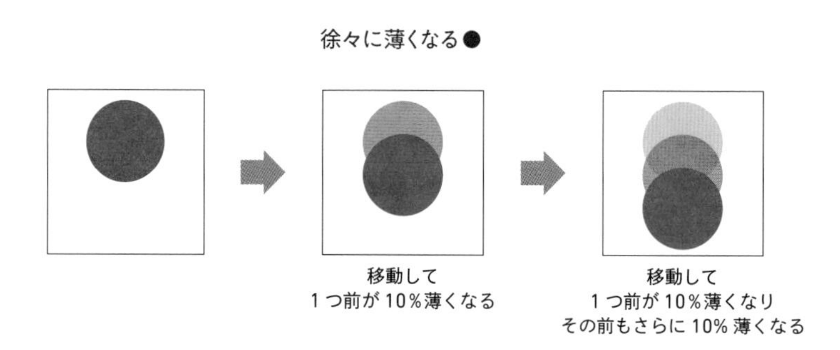

この考え方を使って、ソースコードでは clearRect で全部消すのではなく、まず、塗り色を白 (255, 255, 255) で、透明度を 0.1 にして（46行目)、画面全体を塗りつぶします（47、48行目)。0.1の透明度（かなり薄い）の紙をかぶせる、つまり毎回10%薄くしています。これで、残像が残り、また、その残像は前に描いたものはどんどん（10%ずつ）薄くなります。

8-6 徐々に近づく

Sample 8-6 Motion sample ► https://furukatics.com/dm/s/ch8-6/

画面から指を離している間は●を自身の場所に戻しましょう。ばらばらになってしまった●が、指を離すと元の位置に戻ります。この *Sample 8-6* では、指定した場所に**じわっと**動く方法を学びます。

// ソースコードの変更点 //

ch 8_6

```
 4: class Maru{
 5:   constructor(xx, yy){
 6:     this.x = xx;
 7:     this.y = yy;
 8:     this.muki = 1;
 9: ❶ ●の元の位置
10:     this.moto_x = xx;
11:     this.moto_y = yy;
  ⋮
```

```
31: function loop(){  //常時実行される
32:   for(let i=0; i<maru.length; ++i){
33:     if(yubiTouched){
 ⋮
46:     }else{
47: ❷元の位置にじわっと戻す
48:       maru[i].x += (maru[i].moto_x - maru[i].x)/10;
49:       maru[i].y += (maru[i].moto_y - maru[i].y)/10;
50:     }
51:   }
```


❶ ●の元の位置

まず**自身の位置**保存するために、Maruクラスに変数moto_xとmoto_yを作り、●の最初の位置、すなわち元々の自身の位置を保存します（10、11行目）。

❷ 元の位置にじわっと戻す

loopの中の、if(yubiTouched)（33行目）が、画面がタッチされているときのことなので、それ以外（else）が画面から指を離しているときのことを表します。そこに**自身の位置にじわっと戻る**動きを書きます（46～50行目）。
このじわっと戻るを論理的に、プログラミング的に解説すると**目的の位置までの10分の1だけ進むことを繰り返す**となります。

じわっと戻る動き

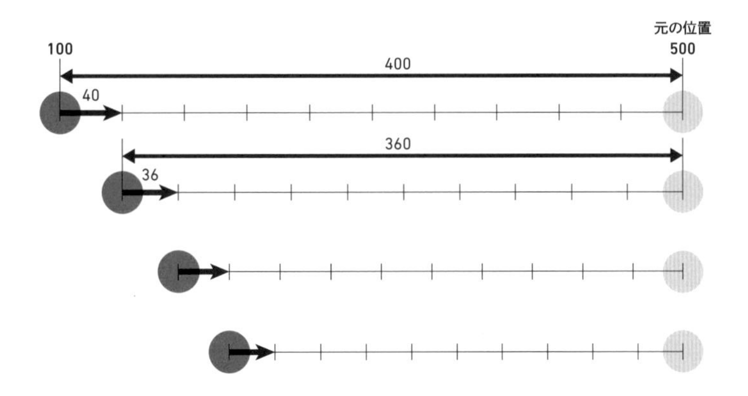

目的の位置までの 1/10 近づけることを繰り返すと「じわっと近づく」

例えば、今、●が 100 にいて、元の位置が 500 の場合、●から元の位置までの距離は 500 − 100 = 400 になります。そこで●を 400 の 10 分の 1、つまり 40 進めて、140 に移動します。次は●から元の位置までの距離は 500 − 140 = 360 になるので、●を 36 進めます。このように毎回目的の位置までの 10 分の 1 ずつ距離を縮めると結果として**じわっと近づく**ことになります。これは右に動く場合ですが、左に動く場合（値が−になる）も結果は同じになります。それをプログラミングしたものが、

```
maru[i].x += ( maru[i].moto_x - maru[i].x ) / 10;
maru[i].y += ( maru[i].moto_y - maru[i].y ) / 10;
```

です（48、49 行目）。例えば X 座標については、●の現在の位置（maru[i].x）に目的の位置（元の位置）までの 10 分の 1（(maru[i].moto_x - maru[i].x)/10）の加算が繰り返されます。結果としてじわっと近づきます。

この 10 分の 1 はもちろんいろいろと変えることが可能です。例えば 50 分の 1 にすると毎回 50 分の 1 しか近付かないので、ゆっくりとした動き、逆に 3 分の 1 などにすると一瞬で元の位置に戻ります。

8-7 ゆっくりと動き出す

Sample 8-7 Motion sample ► https://furukatics.com/dm/s/ch8-7/

最後に、●の回転がゆっくりと始まるようにしましょう。指で画面を触ったときに突然動き出すのではなく、ゆっくりと動き出すと、動きに親近感を持たせることができます。

// ソースコードの変更点 //

ch 8_7

```
 1: let unitKyori;
 2: let maru = new Array();
 3: ❶ 回転速度の倍率
 4: let bai = 0;
  ⋮
32: function loop(){   //常時実行される
33: ❷ 倍率の計算
34:   if(yubiTouched){
35:     bai = bai + 0.005;
36:     if(bai > 1){
```

```
37:         bai = 1;
38:       }
39:     }else{
40:       bai = 0;
41:     }
  ⋮
48: ❸倍率の代入
49:         maru[i].muki = par * bai;
50:         let xx1 = maru[i].x - curYubiX;
51:         let yy1 = maru[i].y - curYubiY;
52:         let xx2 = xx1 * Math.cos(maru[i].muki*Math.PI/36) -
                      yy1 * Math.sin(maru[i].muki*Math.PI/36);
53:         let yy2 = xx1 * Math.sin(maru[i].muki*Math.PI/36) +
                      yy1 * Math.cos(maru[i].muki*Math.PI/36);
```


❶回転速度の倍率　❷倍率の計算

回転の方向やその速度は`maru[i].muki`で管理しています。この値が+（プラス）ならば時計回り、−（マイナス）ならば反時計回りです。また、実際に回転する角度は`Math.PI/36`という角度を基準にして`maru[i].muki`倍するので、この`maru[i].muki`が大きくなれば早く回転し、小さければゆっくり回転します（49行目）。そこで、タッチの経過時間で、この`maru[i].muki`を調整します。仕組みは、倍率用の変数（bai）を用意して（初期値は0）、その変数をタッチされている間は徐々に値を増加する（ただし最大値は1）、タッチされていない間は0にするとします。この倍率を本来の速度`maru[i].muki`に倍率としてかければ、タッチされている間は徐々に回転が速くなる（ただし最大速度は1）となります。タッチされていない間は前回の*Sample 8-6*で**自身の位置に戻る**という別の動きをしているのでこの`bai`の値は関係ありません。

ソースコードでは、`loop`内で最初にこの倍率を計算しています（34～41行目）。タッチされている間（34行目）は、`bai`が`0.005`ずつ増加し（35行目）、`bai`が`1`より大きくなった場合は`1`で止めます（36～38行目）。離された場合は`bai`を`0`に戻します（39～41行目）。

❸倍率の代入

そして、`maru[i].muki`の値を代入する段階で、1か-1の値をとる`par`に倍率`bai`（0～1）をかけると、タッチされたときは0倍だった値が徐々に増えて、1倍（もしくは-1倍）まで変化します。結果として**ゆっくり動き出し**ます。

Chapter 9

左右判定

Left and right judgment

画面上で指を動かすと、線がついてきます。敷き詰められた六角形のパターンは、線の進行方向に向かって右が赤色に、左が黒色になります。
ここでは点が線の左右どちらにあるかを判定する「左右判定」について考えます。

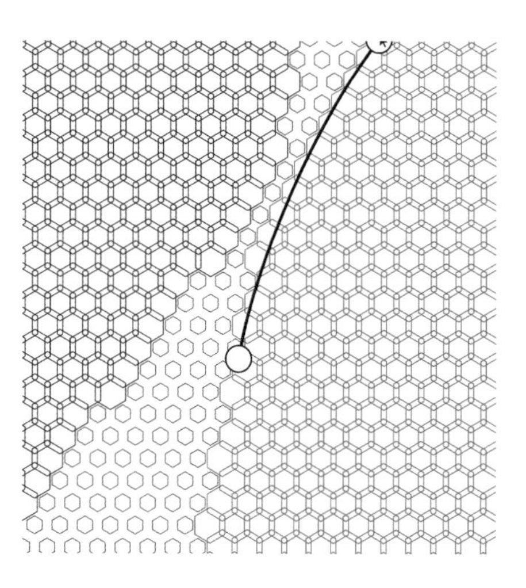

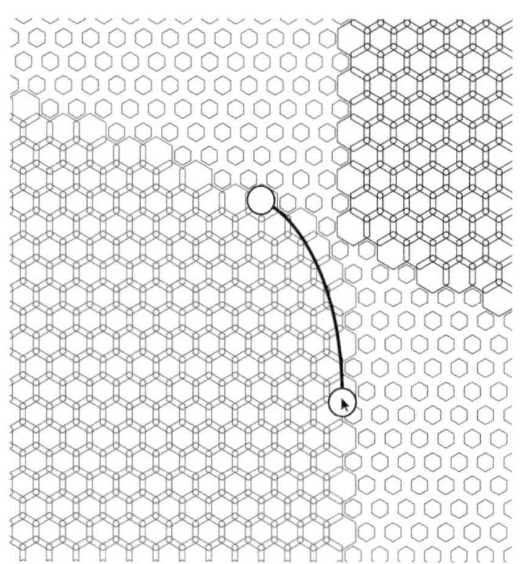

Motion sample ► https://furukatics.com/dm/s/ch9-6/

9-1 コントロールポイントを作る

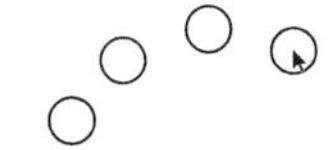

Sample 9-1 Motion sample ► https://furukatics.com/dm/s/ch9-1/

端点に○がついた線を、ベジェ曲線で描きましょう。

// ソースコード //

ch 9_1

```
1:  ❶ クラスの宣言
2:  class Point{
3:    constructor(xx, yy){
4:      this.x = xx;
5:      this.y = yy;
6:    }
7:  }
8:  ❷ 変数の宣言
9:  let ten = new Array();
10:
11: function setup(){ //最初に実行される
12: ❸ 点の初期化
13:   for(let i=0; i<4; ++i){
14:     ten[i] = new Point(screenWidth/2, screenHeight/2);
15:   }
```

```
16: }
17:
18: function loop(){   //常時実行される
19: ❹位置の計算
20:   for(let i=0; i<ten.length; ++i){
21:     if(i==0){
22: 先頭の点
23:       if(yubiTouched){
24:         ten[i].x = curYubiX;
25:         ten[i].y = curYubiY;
26:       }
27:     }else{
28: 2個目以降の点
29:       ten[i].x += (ten[i-1].x - ten[i].x)/10;
30:       ten[i].y += (ten[i-1].y - ten[i].y)/10;
31:     }
32:   }
33: ❺描画
34:   ctx.clearRect(0, 0, screenWidth, screenHeight);
35:
36:   let hankei = 35;
37:   ctx.fillStyle="white";
38:   ctx.strokeStyle="black";
39:   ctx.lineWidth = 4;
40:   for(let i=0; i<ten.length; ++i){
41:     ctx.beginPath();
42:     ctx.arc(ten[i].x, ten[i].y, hankei, 0, Math.PI*2, true);
43:     ctx.fill();
44:     ctx.stroke();
45:   }
46: }
47:
48: function touchStart(){   //タッチ（マウスダウン）されたら
49:
50: }
51:
52: function touchMove(){ //指が動いたら（マウスが動いたら）
53:
54: }
55:
```

```
56:  function touchEnd(){   //指が離されたら（マウスアップ）
57:
58:  }
```

ベジェ曲線は図のように４個のコントロールポイントで描かれます。そこで、まずここでは、４個の点を作ります。また、その４個には *Chapter 8* の**じわっとついてくる動き**を使います。ベジェ曲線の描画は次の *Sample 9-2* でおこないます。

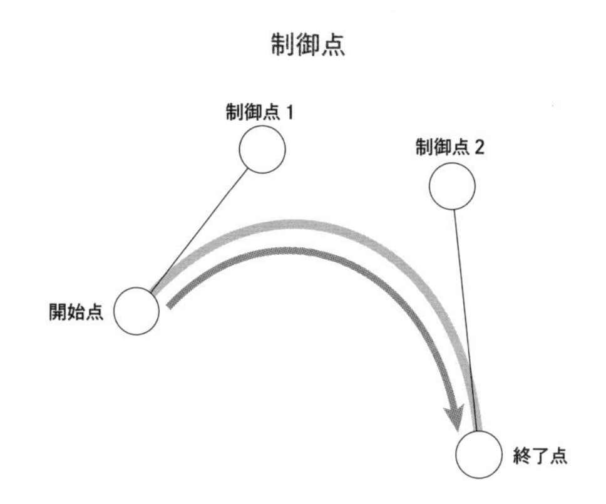

❶ クラスの宣言　❷ 変数の宣言　❸ 点の初期化

これまでと同様に点の位置を管理する関数を宣言します（2～7行目）。いままでのMaruと同じですが、今回は下地の六角形のパターンでも使うので、名前を「Point」にしました。そして、４個の点を管理する配列変数をtenと宣言して（9行目）、setupでfor文を使って４個の点を、画面の中央（screenWidth/2, screenHeight/2）で、Point型で初期化します（13～15行目）。

❹ 位置の計算

loopの中で、まずfor文を使って、４個の点に対してじわっとついてくる計算をします（20～32行目）。あらためてもう一度動きを見てみると、

- **先頭の○は指にじわっとついてくるのではなく、指と同じ動き**
- **先頭の○はタッチされている間だけついてくる**
- **先頭以外の○はタッチされていない時にもじわっとついてくる**

これをプログラミングします。

まず、if(i==0) で**先頭の**○を判断して（21行目)、その中で if(yubiTouched) で**タッチされていたら**を判断しています（23行目)。つまり、この２つの if 文をくぐり抜けてきたものは**タッチされている状態の先頭の**○です。これは指と同じ動きなので○の位置（ten[i].x, ten[i].y）を指の位置（curYubiX, curYubiY）にします（24、25行目)。

次に、先頭以外（2個目以降）の○について考えます。これはつまり i が 0 ではないものたちなので、if(i==0) に対する else の部分です（27～31行目)。これらは**自身の１つ前（i-1）の○に向かってじわっとついていく（10分の1ずつ近づく）**動きにします（29、30行目)。▶ Chapter 8-6 p. 185

❺ 描画

次に描画です。まず画面全体を消して（34行目)、半径（hankei）を 35、塗り色を白、線色を黒、線幅を 4 にして（36～39行目)、for 文でそれぞれの○を描きます（40～45行目)。

One Point

ベジェ曲線の原理

4個のコントロールポイントから描かれるベジェ曲線の原理をグラフィックとして解説しましょう。開始点を0%、終点を100%とした場合、例えば曲線の40%の位置は図のようにして決定されます。

① p_1 から p_2、p_2 から p_3、p_3 から p_4 のそれぞれの40%の位置を p_5、p_6、p_7 とします
② p_5 から p_6、p_6 から p_7 の40%の位置を p_8、p_9 とします
③ p_8 から p_9 の40%の位置を p_{10} とします

この p_{10} がベジェ曲線の40%の位置になります。この原理で%を0～100に変化させることで、ベジェ曲線が得られます。これをわかりやすいようにウェブアプリケーションにしたものを作りました。興味がある方は下のQRコードからアクセスして確認してください。

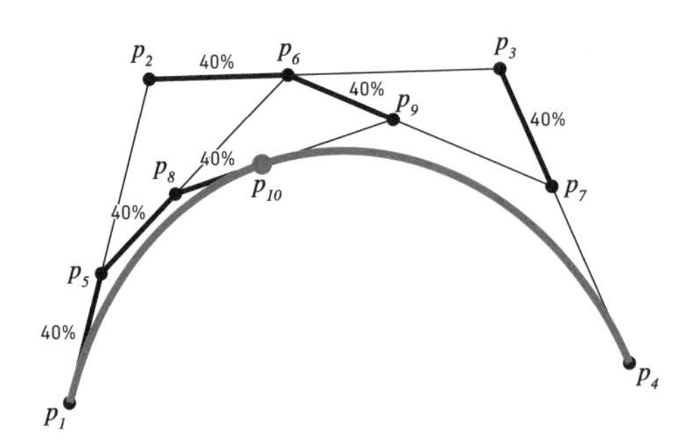

https://furukatics.com/dm/op/bezier/

9-2 ベジェ曲線を描く

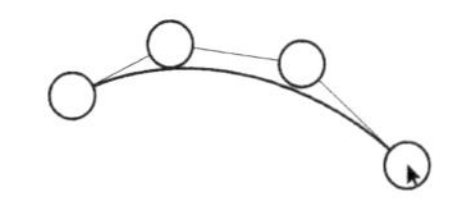

Sample 9-2　　Motion sample ► https://furukatics.com/dm/s/ch9-2/

○をコントロールポイントとしたベジェ曲線を描きます。

// ソースコードの変更点 //

ch9_2

```
16: function loop(){   //常時実行される
 ⋮
29:   ctx.clearRect(0, 0, screenWidth, screenHeight);
30: ❶ ベジェ曲線の描画
31:   ctx.beginPath();
32:   ctx.lineWidth = 4;
33:   ctx.strokeStyle="black";
34:   ctx.moveTo(ten[0].x, ten[0].y);
35:   ctx.bezierCurveTo(ten[1].x, ten[1].y, ten[2].x, ten[2].y,
                          ten[3].x, ten[3].y);
36:   ctx.stroke();
37: ❷ ○を直線でつなぐ
38:   ctx.beginPath();
39:   ctx.lineWidth = 1;
40:   ctx.moveTo(ten[0].x, ten[0].y);
```

```
41:    ctx.lineTo(ten[1].x, ten[1].y);
42:    ctx.lineTo(ten[2].x, ten[2].y);
43:    ctx.lineTo(ten[3].x, ten[3].y);
44:    ctx.stroke();
```

○の位置の計算や、○の描画に変更はありません。

❶ ベジェ曲線の描画

ベジェ曲線を描きます（31～36行目）。線幅を4、線色を黒にして、最初の○（ten[0]）までペンをmoveToで移動して（34行目）、bezierCurveToを使って2個目（ten[1]）、3個目（ten[2]）、4個目（ten[3]）の○の位置でベジェ曲線を描きます（35行目）。

ベジェ曲線の描画

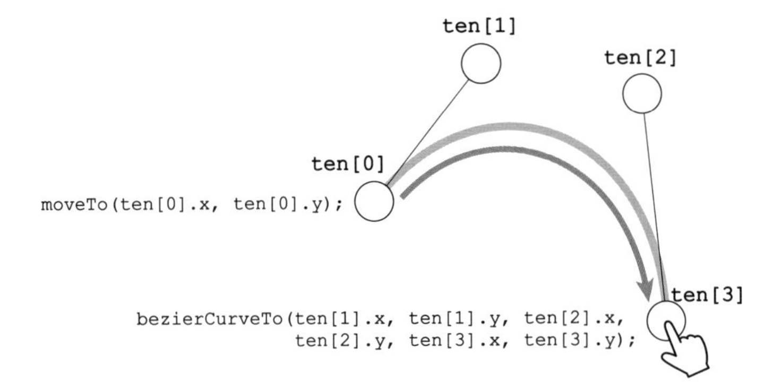

❷ ○を直線でつなぐ

また、今回は○と曲線の関係を目視で確認できるようにそれぞれを直線で順番に結んでいます（38～44行目）。最初の○（ten[0]）までペンをmoveToで移動して、2個目（ten[1]）、3個目（ten[2]）、4個目（ten[3]）を順番にlineToで結びます。

9-3 下地を描く

Sample 9-3　　Motion sample ► https://furukatics.com/dm/s/ch9-3/

下地を敷き詰めます。

// ソースコードの変更点 //

ch 9_3

```
 8: let ten = new Array();
 9: ❶ 下地に並べる○のための変数の宣言
10: let base = new Array();
11: let unitKyori;
12:
13: function setup(){ //最初に実行される
 ⋮
17: ❷ 下地に並べる○の位置の計算と保存
18:   let unitYokoKazu = 20;
19:   let yokoInterval = screenWidth / (unitYokoKazu-1);
20:   let tateInterval = yokoInterval * Math.sin(Math.PI/3);
21:   let unitTateKazu = parseInt(screenHeight / tateInterval)+1;
```

```
22:     unitKyori = yokoInterval;
23:     for(let i=0; i<unitYokoKazu*unitTateKazu; ++i){
24:       let tateNum = parseInt(i / unitYokoKazu);
25:       let yokoNum = i % unitYokoKazu;
26:       let x = yokoInterval*yokoNum;
27:       let y = tateInterval*tateNum;
28:       if(tateNum % 2 == 0)   x -= yokoInterval/2;
29:       base[i] = new Point(x, y);
30:     }
31:   }
32:
33:   function loop(){   //常時実行される
  ⋮
46:     ctx.clearRect(0, 0, screenWidth, screenHeight);
47:   ❸ 下地に並べる○の描画
48:     for(let i=0; i<base.length; ++i){
49:       let hankei = unitKyori / 4;
50:       ctx.strokeStyle = "black";
51:       ctx.lineWidth = 1;
52:       ctx.beginPath();
53:       ctx.arc(base[i].x, base[i].y, hankei, 0, Math.PI*2,
                  true);
54:       ctx.stroke();
55:     }
  ⋮
68:   ❹ コントロールポイントの描画
69:   先頭のコントロールポイントの○
70:     ctx.beginPath();
71:     ctx.arc(ten[0].x, ten[0].y, hankei, 0, Math.PI*2, true);
72:     ctx.fill();
73:     ctx.stroke();
74:   最後尾のコントロールポイントの○
75:     ctx.beginPath();
76:     ctx.arc(ten[3].x, ten[3].y, hankei, 0, Math.PI*2, true);
77:     ctx.fill();
78:     ctx.stroke();
79:   }
```

❶ 下地に並べる○のための変数の宣言

位置の計算方法はこれまでと同じです。今回は下地の一つひとつを配列変数 base で宣言します（10行目）。また、これまでと同様に下地パターンどうしの間隔を保存しておくための変数 unitoKyori を宣言します（11行目）。► Chapter 7-1 p. 145

❷ 下地に並べる○の位置の計算と保存

setup 内で base の位置の計算、初期化をします（18～30行目）。横に 20 個並べます（18行目）。下地のパターンのそれぞれの位置が base に保存されます。

❸ 下地に並べる○の描画

loop 内でパターンを描画します（48～55行目）。

❹ コントロールポイントの描画

ベジェ曲線のコントロールポイントの○は、4個全部描いていましたが、今回からは**先頭**（ten[0]）と**最後尾**（ten[3]）だけを描きます（70～78行目）。
また、目視で確認するためのコントロールポイント用の直線は、今回からは描きません。

9-4 左右判定

Sample 9-4　　Motion sample ► https://furukatics.com/dm/s/ch9-4/

敷き詰められた下地パターンの色をベジェ曲線の左右で分けます。

// ソースコードの変更点 //

ch 9_4

```
 7: ❶左右判定
 8: function sayuHantei(p0, p1, p2){
 9:   let x1 = p1.x - p0.x;
10:   let y1 = p1.y - p0.y;
11:   let x2 = p2.x - p0.x;
12:   let y2 = p2.y - p0.y;
13:   let ret = x1*y2 - x2*y1;
14:   ret = Math.sign(ret);
15:   return ret;
16: }
17:
18: let ten = new Array();
```

```
  ⋮
42: function loop(){  //常時実行される
  ⋮
57:   for(let i=0; i<base.length; ++i){
58:     let hankei = unitKyori / 4;
59: ❷ 色分け
60:     let sayu = sayuHantei(ten[3], ten[0], base[i]);
61:     if(sayu == 1){
62:       ctx.strokeStyle="red";
63:     }else{
64:       ctx.strokeStyle="black";
65:     }
```


❶ 左右判定

2次元平面内にある任意の点が、直線のどちら側にあるかを判定するにはいろいろな方法がありますが、ここでは**外積**という方法を使います。

外積は本来、数学の世界では**3次元空間内で、2本のベクトルに対して両方に垂直なベクトルを算出する方法**なのですが（これは複雑なので本書では扱いませんが）、これを2次元で活用すれば**左右判定**に使えます。仕組みは以下のようなものです。

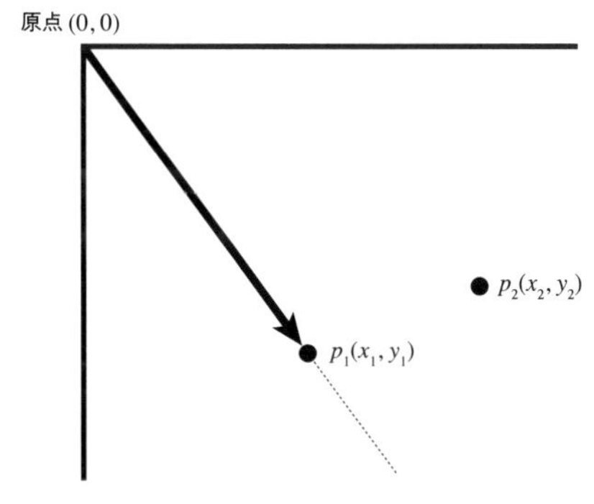

$p_1(x_1, y_1)$ と $p_2(x_2, y_2)$ で、矢印（原点→p_1）に対して、p_2 が左にあったなら、

$$x_1 \times y_2 - x_2 \times y_1$$

が−（マイナス）になり、右にあったら＋（プラス）になります。ちなみに線上だと 0 です。
例えば、次の図のように p_1 が (3, 4)、p_2 が (5, 2) だとした場合、

$$x_1 \times y_2 - x_2 \times y_1 = 3 \times 2 - 4 \times 5 = -14$$

で、−なので p_2 は左にあり、p_2 が (1, 5) だったら、

$$x_1 \times y_2 - x_2 \times y_1 = 3 \times 5 - 4 \times 1 = 11$$

で、＋なので、p_2 は右にあると判定できます。

左右判定の例

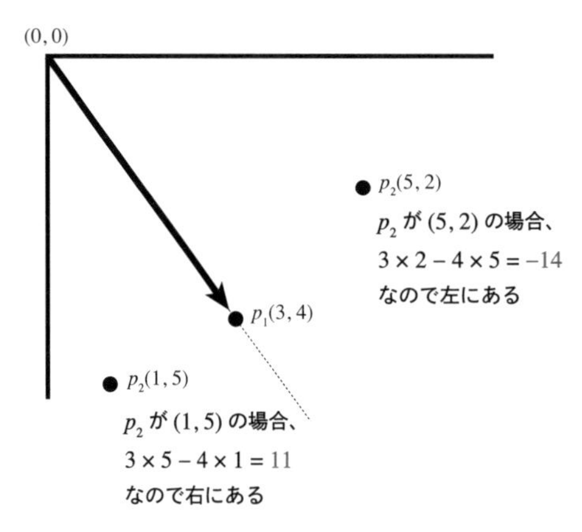

これを関数として表したものが sayuHantei です（8〜16 行目）。この関数は、原点になる座標値（p0）と、2 点（p1、p2）が渡され、上記の左右判定をおこない、右なら 1、左なら -1、線上なら 0 を返します。
引数として Point 型の p0、p1、p2 を渡します（8 行目）。
そして、p1、p2 と p0 との差を計算して、上記のように p0 を原点としたときの p1 と p2 の座標値をそれぞれ x1、y1、x2、y2 に計算します（9〜12 行目）。これをもとに左右判定をおこないます（13 行目）。次の Math.sign は**符号を計算**します。() 内の数値が＋なら 1、−なら -1、0 なら 0 を返します。したがって、結果として ret には右なら 1、左なら -1、線上なら 0 が入り、それを返します（14 行目）。
この sayuHantei は、3 個の座標を渡すだけで、その左右情報が返されるという便利な関数です。

❷ 色分け

その仕組みを使って、左右の色分けをします（60～65 行目）。左右の判定はいつもおこなうので、loop内に記述します。具体的には、最後尾の○（ten[3]）をp0つまり原点、先頭の○（ten[0]）をp1として**進む方向**と考えます。そして下地のそれぞれのパターン（base[i]）をp2として、それが**進む方向**の左右のどちらにあるかを考えます（60 行目）。

直線の左右の色分け

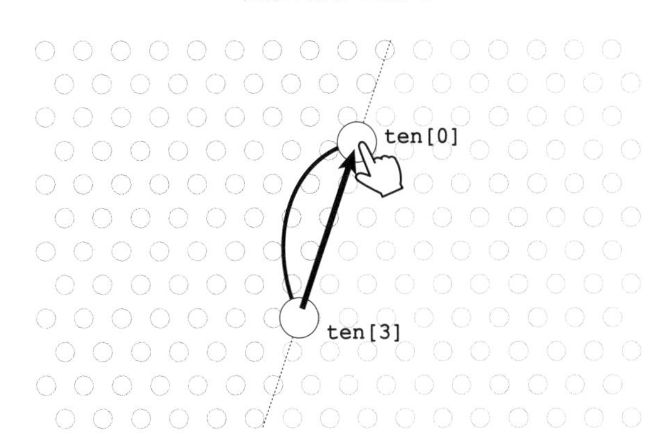

これでsayuに左右情報が入りそれが1、つまり右だったら、線色を赤に（61、62 行目）、1以外、つまり左か線上だったら黒にします（63、64 行目）。
これで、曲線の左右が色分けされます。

9-5 曲線の左右判定

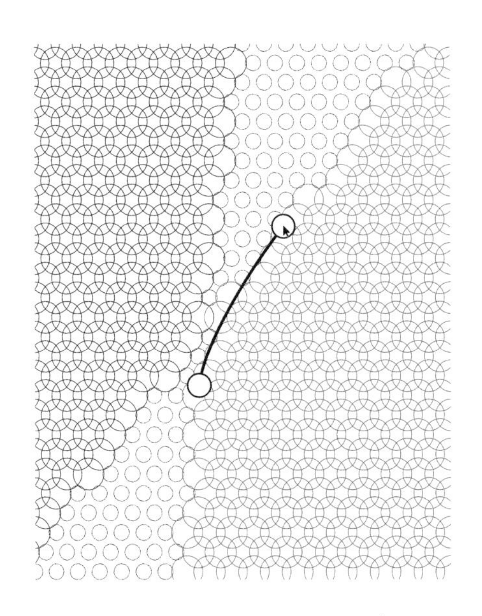

Sample 9-5 Motion sample ► https://furukatics.com/dm/s/ch9-5/

先頭と最後尾の○だけで左右判定するのではなく、曲線全体としての**左右**を考えます。また、左右の状況によってベースになる○の大きさも描き分けます。

// ソースコードの変更点 //

ch 9_5

```
42: function loop(){  //常時実行される
 ⋮
57:   for(let i=0; i<base.length; ++i){
58:     let hankei = unitKyori / 4;
59: コントロールポイント全体で左右判定
60: ❶ 3 本の線の左右判定
61:     let sayu = sayuHantei(ten[3], ten[2], base[i]);
62:     sayu += sayuHantei(ten[2], ten[1], base[i]);
63:     sayu += sayuHantei(ten[1], ten[0], base[i]);
```

```
64: ❷色分け
65:     if(sayu == 3){
66:       ctx.strokeStyle="red";
67:       hankei = unitKyori * 0.7;
68:     }else if(sayu == -3){
69:       ctx.strokeStyle="black";
70:       hankei = unitKyori * 0.7;
71:     }else{
72:       ctx.strokeStyle="grey";
73:       hankei = unitKyori * 0.35;
74:     }
```

作品に深みを持たせるために、先頭と最後尾の○だけではなく、曲線全体の右と左を考えます。つまり、4個のコントロールポイント間の全部を直線（矢印）と考えて、それら全部の右にあれば赤色、全部の左にあれば黒色、それ以外（右と左が混在する場合）はグレーにします。

曲線の左右の色分け

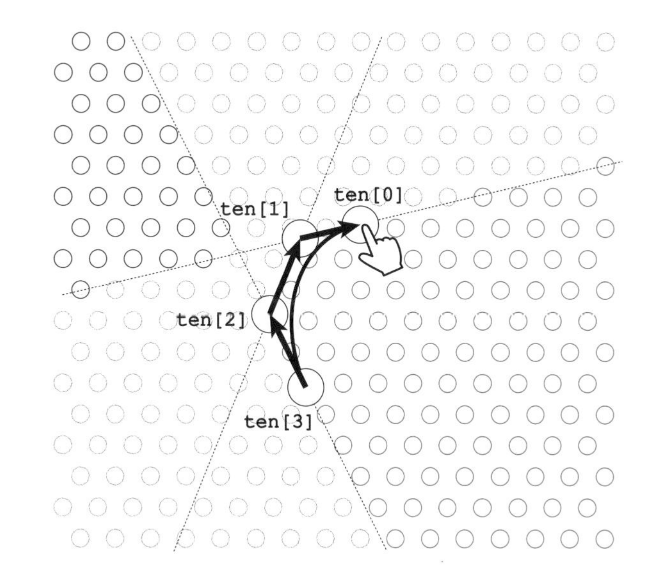

❶ 3本の線の左右判定

考え方としては、まず最後尾の○（ten[3]）をp0、その1つ前の○（ten[2]）をp1と考えて、下地のそれぞれのパターン（base[i]）をp2と考えて左右判定を計算します（61行目）。それにten[2]をp0、その1つ前の○（ten[1]）をp1と考えた左右判定結果を加算します（62行目）。

さらにそれに ten[1] を p0、その1つ前の○（ten[0]）、つまり先頭の○を p1 と考えた左右判定結果を加算します（63行目）。
つまり、曲線の後ろから順番にそれぞれのコントロールポイントを**○が進む方向の矢印**と考えて、それぞれの左右判定結果を加算します。すると3本全ての矢印の右にあれば sayu が3、全ての左にあれば -3 になります。

❷ 色分け

sayu が3であれば赤にして（65、66行目）、-3であれば黒にします（68、69行目）。それ以外は左右どちらにもに振り切っていないのでグレーにします（71、72行目）。
また、○の半径（hankei）は for 文の最初に設定しましたが（58行目）、左右判定で色を決めたのと同じタイミングであらためて変えています（67、70、73行目）。
右の赤色のときは、パターン間の距離（unitKyori）の 0.7 倍、つまりすこしだけ重なる（unitKyori はパターンどうしの距離なので unitoKyori*0.5 であればぴったりとしき詰められるので 0.7 倍だとすこし重なる）（67行目）、左の黒色のときも 0.7 倍（70行目）、それ以外の左右に振り切っていないグレーの場合はその半分の 0.35 倍でちょっと間隔があくようにしています（73行目）。

半径の変更と重なり

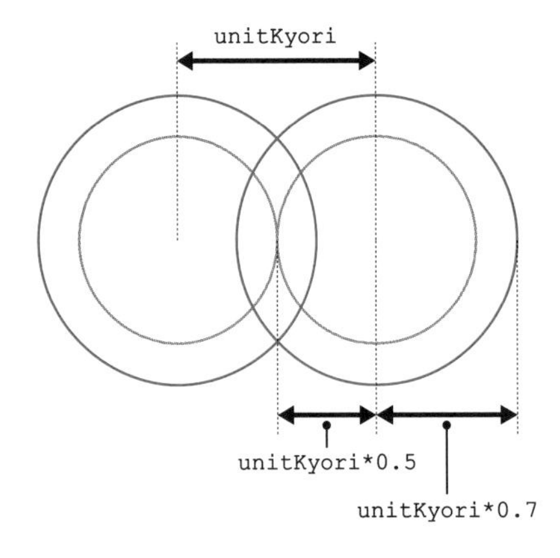

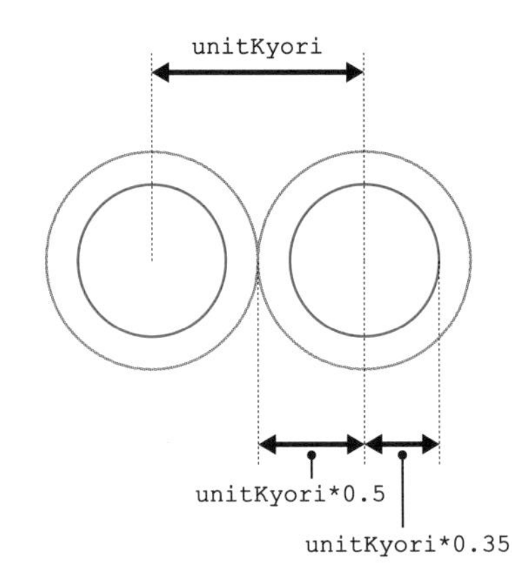

9-6 下地のパターンを六角形にする

Sample 9-6 Motion sample ► https://furukatics.com/dm/s/ch9-6/

最後に下地の○を六角形にします。これまでは円を描く関数 arc を使っていましたが、ここで六角形を描く関数を自作します。

// ソースコードの変更点 //

ch9_6

```
15:   return ret;
16: }
17: ❶六角形を描く関数（1つずつバージョン）
18: function drawRokkaku(xx, yy, hankei){
19:   let tx, ty;
20:   ctx.beginPath();
21: 0度方向の頂点
22:   tx = xx + hankei*Math.sin(Math.PI*2/6*0);
23:   ty = yy + hankei*Math.cos(Math.PI*2/6*0);
24:   ctx.moveTo(tx, ty);
```

```
25: 60度方向の頂点
26:   tx = xx + hankei*Math.sin(Math.PI*2/6*1);
27:   ty = yy + hankei*Math.cos(Math.PI*2/6*1);
28:   ctx.lineTo(tx, ty);
29: 120度方向の頂点
30:   tx = xx + hankei*Math.sin(Math.PI*2/6*2);
31:   ty = yy + hankei*Math.cos(Math.PI*2/6*2);
32:   ctx.lineTo(tx, ty);
33: 180度方向の頂点
34:   tx = xx + hankei*Math.sin(Math.PI*2/6*3);
35:   ty = yy + hankei*Math.cos(Math.PI*2/6*3);
36:   ctx.lineTo(tx, ty);
37: 240度方向の頂点
38:   tx = xx + hankei*Math.sin(Math.PI*2/6*4);
39:   ty = yy + hankei*Math.cos(Math.PI*2/6*4);
40:   ctx.lineTo(tx, ty);
41: 300度方向の頂点
42:   tx = xx + hankei*Math.sin(Math.PI*2/6*5);
43:   ty = yy + hankei*Math.cos(Math.PI*2/6*5);
44:   ctx.lineTo(tx, ty);
45:
46:   ctx.closePath();
47:   ctx.stroke();
48: }
49: ❷六角形を描く関数（for文バージョン）
50: function drawRokkaku2(xx, yy, hankei){
51:   ctx.beginPath();
52:   for(let i=0; i<6; ++i){
53: 各々の頂点
54:     let tx = xx + hankei*Math.sin(Math.PI*2/6*i);
55:     let ty = yy + hankei*Math.cos(Math.PI*2/6*i);
56:     if(i == 0){
57: 最初（0）の頂点
58:       ctx.moveTo(tx, ty);
59:     }else{
60: 最初以外の頂点
61:       ctx.lineTo(tx, ty);
62:     }
63:   }
64:   ctx.closePath();
```

```
65:     ctx.stroke();
66:   }
 ⋮
92: function loop(){   //常時実行される
 ⋮
124:      ctx.lineWidth = 2
125: ❸六角形の描画
126:      drawRokkaku(base[i].x, base[i].y, hankei);
```

drawRokkaku（18～48行目）と、drawRokkaku2（50～66行目）は中心座標と半径を引数とした六角形を描く関数です。2つは全く同じ機能ですが、今回はあえて、頂点を順番に計算して描くdrawRokkakuと、for文を使った効率的なdrawRokkaku2を作りました。初心者には、頂点を順番に計算していくdrawRokkakuが理解しやすく扱いやすいでしょう。また、少ない行数で書けて、やろうと思えば比較的容易に角数を増やすこともできるdrawRokkaku2は効率的な書き方です。

❶六角形を描く関数（1つずつバージョン）

まず頂点を1つずつ計算するdrawRokkakuを解説します。
引数には次の図のような中心座標（xx, yy）と半径（hankei）が引き渡されます。

六角形を描く関数

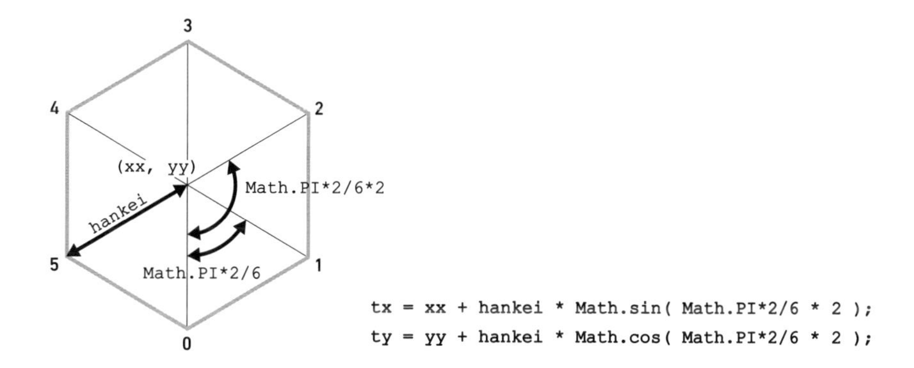

関数内では、それぞれの頂点位置を計算しながらその度に描画します。
まず、頂点位置を保存する変数tx、tyを宣言して（19行目）、描画を始めるのでctx.beginPath()をします（20行目）。
そして、最初の頂点（上の図の0）について計算、描画します（22～24行目）。描画の最初なので

moveTo でペンを動かしています。三角関数を使った計算は前の図のとおりです（図では例として2個目の角度と計算式を書いています）。円の1周が Math.PI*2 ラジアン（360度）なので、それを一旦6で割って六角形の1つの角度（60度）を計算します。頂点の角度はこの60度が何個あるかなので、**Math.PI*2/6*個数**です。
また最初の頂点は式に Math.PI*2/6*0 というように0をかけていてあまり意味がないように見えますが、これはその下の1～5個目の点との見た目の整合性をとるためです。同じように1～5個目の頂点についてもその位置を計算して lineTo で線をつなげます（26～44行目）。
最後にこの六角形を閉じて描くために ctx.closePath() をしています（46行目）。

ここであらためて、座標値を計算する式を見てみるとこれまでとは少し違うことに気がつきます。今まではX座標を計算するにはcos、Y座標を計算するにはsinを使っていましたが、今回はそれが逆になっています。これはなぜでしょうか。
これは**縦横の向きを変える**ためです。従来の、X座標をcos、Y座標をsinで計算すると、次の図の左のように右向き（3時の方向）が0度になります。

座標とsin、cosの関係

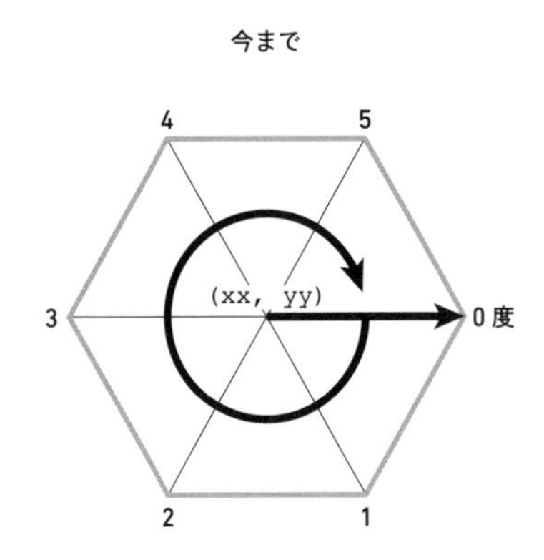

XとYを入れ替える

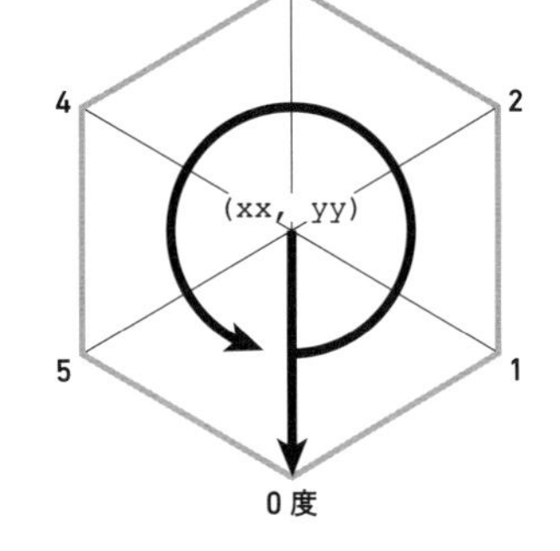

X座標：
```
xx + 半径 * Math.cos( Math.PI*2/6 * 個数 );
```
Y座標：
```
yy + 半径 * Math.sin( Math.PI*2/6 * 個数 );
```

X座標：
```
xx + 半径 * Math.sin( Math.PI*2/6 * 個数 );
```
Y座標：
```
yy + 半径 * Math.cos( Math.PI*2/6 * 個数 );
```

単に円を描くときにはあまり関係ありませんが、今回のような六角形やまた三角形などを描く際には**向き**が重要になってきます。こんなときにはX座標をsin、Y座標をcosに入れ替えて計算すると0度の方向もxとyが入れ替わって、下向き（6時の方向）になります（そしてついでに回転方向も逆になります）。

縦横の向きを変える方法はこれ以外にも例えば**各角度に 90 度を加算する**などがありますが、この sin、cos を入れ替える方法はとても簡単なので、覚えておくといいでしょう。

❷ 六角形を描く関数（for 文バージョン）

この `drawRokkaku` と全く同じ仕組みを、`for` 文を使って書いたものが `drawRokkaku2` です。`for` 文（52 ～ 63 行目）内は `drawRokkaku` での 22 ～ 44 行目と全く同じ処理をしています。変数 `i` を順番に増やしていき、先の `drawRokkaku` 内では 0、1、2 と順番に増やしたところに `i` を組み込んでいます（54、55 行目）。また、`i` が 0 だった場合は最初の頂点なので `moveTo`（56、58 行目）、それ以外は `lineTo` に書き分けています（59、61 行目）。

❸ 六角形の描画

Sample 9-5 までは `arc` を使いましたが、同じところで今回自作した `drawRokkaku` を使い、六角形を描きます。また、これを `drawRokkaku2` にしても同じ結果になります。

Chapter **10**

三次元

3 Dimension

「3D」について考えます。
立方体とその中に「ふ」が描かれています。指で画面をなぞると回りはじめ、タッチしてすぐに離すとその回転が止まります。
世の中には、3Dの理論を詳しく知らなくても簡単に立体を表現できるライブラリがあります。しかし、本書は数学的にデザインを考えるので、数式だけで3Dを表現してみましょう。

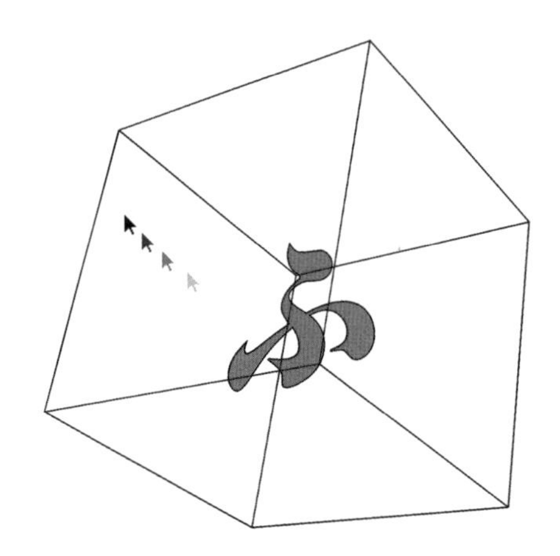

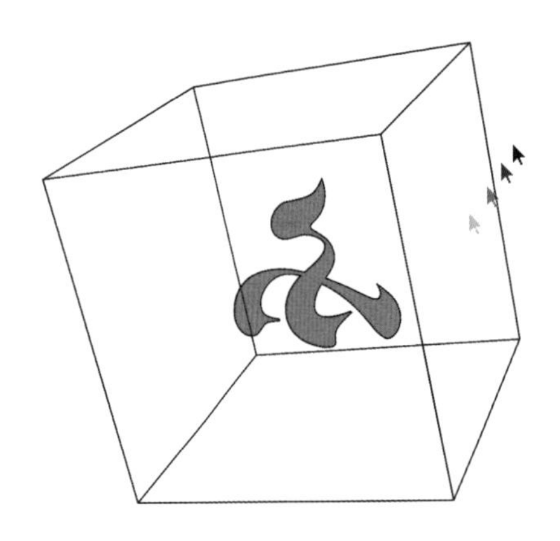

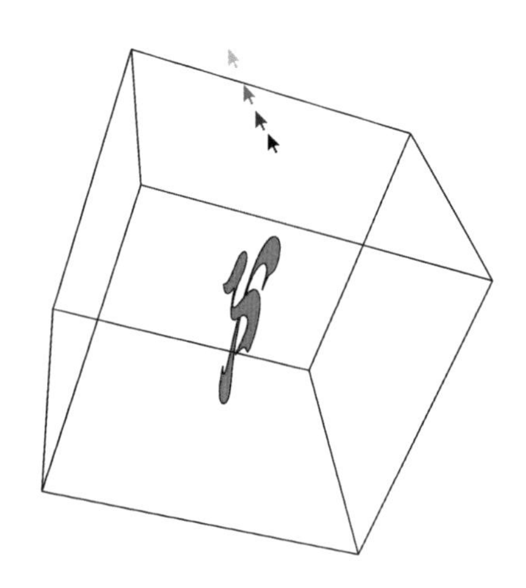

Motion sample ► https://furukatics.com/dm/s/ch10-6/

10-1 投影変換

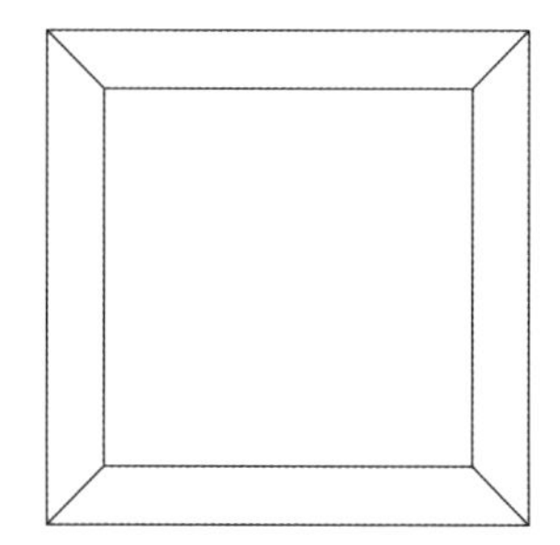

Sample 10-1

立方体のワイヤーフレーム（枠線だけの立体）を作ります。

// ソースコード //

ch 10_1

```
 1: ❶ 頂点クラスの宣言
 2: class Choten{
 3:   constructor(xx, yy, zz){
 4:     this.x = xx;
 5:     this.y = yy;
 6:     this.z = zz;
 7:     this.tx = 0;
 8:     this.ty = 0;
 9:   }
10: }
11: ❷ 頂点変数の宣言
12: let choten = new Array();
13:
14: function setup(){ //最初に実行される
```

```
15:   let henLength = 400;
16: ❸ 頂点の初期化
17:   choten[0] = new Choten(henLength, henLength, henLength);
18:   choten[1] = new Choten(henLength, henLength, -henLength);
19:   choten[2] = new Choten(-henLength, henLength, -henLength);
20:   choten[3] = new Choten(-henLength, henLength, henLength);
21:   choten[4] = new Choten(henLength, -henLength, henLength);
22:   choten[5] = new Choten(henLength, -henLength, -henLength);
23:   choten[6] = new Choten(-henLength, -henLength, -henLength);
24:   choten[7] = new Choten(-henLength, -henLength, henLength);
25: ❹ 投影変換
26:   let sc = 2000;
27:   for(let i=0; i<choten.length; ++i){
28:     let gx = choten[i].x;
29:     let gy = choten[i].y;
30:     let gz = choten[i].z + 3000;
31: 
32:     choten[i].tx = sc*gx/gz;
33:     choten[i].ty = sc*gy/gz;
34:   }
35: }
36: 
37: function loop(){   //常時実行される
38: ❺ 描画
39:   ctx.clearRect(0, 0, screenWidth, screenHeight);
40: 
41:   ctx.save();
42:   ctx.translate(screenWidth/2, screenHeight/2);
43: 
44:   ctx.lineWidth = 2;
45:   ctx.lineJoin = "round";
46: 
47:   ctx.strokeStyle = "black";
48:   ctx.beginPath();
49:   ctx.moveTo(choten[0].tx, choten[0].ty);
50:   ctx.lineTo(choten[1].tx, choten[1].ty);
51:   ctx.lineTo(choten[2].tx, choten[2].ty);
52:   ctx.lineTo(choten[3].tx, choten[3].ty);
53:   ctx.lineTo(choten[0].tx, choten[0].ty);
54:   ctx.lineTo(choten[4].tx, choten[4].ty);
```

```
55:     ctx.lineTo(choten[5].tx, choten[5].ty);
56:     ctx.lineTo(choten[6].tx, choten[6].ty);
57:     ctx.lineTo(choten[7].tx, choten[7].ty);
58:     ctx.lineTo(choten[4].tx, choten[4].ty);
59:     ctx.moveTo(choten[1].tx, choten[1].ty);
60:     ctx.lineTo(choten[5].tx, choten[5].ty);
61:     ctx.moveTo(choten[2].tx, choten[2].ty);
62:     ctx.lineTo(choten[6].tx, choten[6].ty);
63:     ctx.moveTo(choten[3].tx, choten[3].ty);
64:     ctx.lineTo(choten[7].tx, choten[7].ty);
65:     ctx.stroke();
66:
67:     ctx.restore();
68: }
69:
70: function touchStart(){   //タッチ（マウスダウン）されたら
71:
72: }
73:
74: function touchMove(){  //指が動いたら（マウスが動いたら）
75:
76: }
77:
78: function touchEnd(){   //指が離されたら（マウスアップ）
79:
80: }
```


ソースコードを解説する前に、3Dの仕組みについて考えます。3Dとは3 Dimension つまり X、Y、Z の3軸を考えた立体空間のことです。これに対して描画されるのは画面、つまり2次元平面です。3次元空間にはX、Y、Z軸があり、2次元平面にはX、Y軸しかありません。この3軸を2軸に変換しなくてはいけません。

この変換を**投影変換**といいます。投影とはつまりは次の図のように目と立体を考えたときにその間に仮想のスクリーンを見立てることで、投影変換とは立体の各座標値をそのスクリーンに**投影**したときの座標値に変換することをいいます。

投影変換

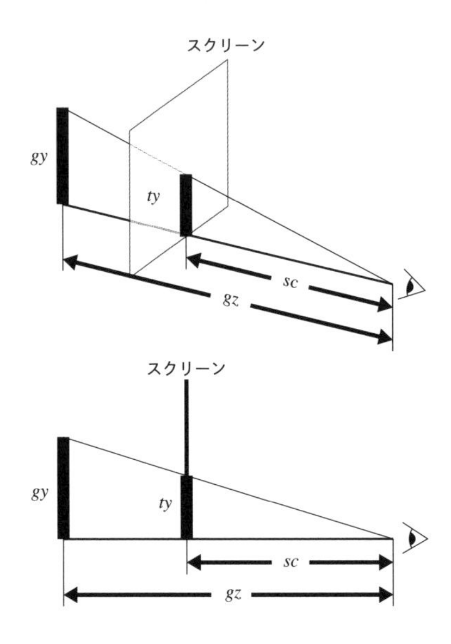

具体的には上の図のように、目から立体までの距離を gz、立体の高さ（Y座標値）を gy、スクリーンまでの距離を sc、スクリーン上に投影される立体の高さを ty とします。すると gy と gz を２辺とする三角形と、ty と sc を２辺とする三角形は同じ形で大きさが違う三角形なので、

$$ty : sc = gy : gz$$

という辺の比が成り立ちます。つまり、辺の比が同じなので、

$$ty / sc = gy / gz$$

が成り立ち、結果として（両辺に sc をかけると）

$$ty = sc \times gy / gz$$

が成り立ちます。この関係はX座標も同じで、

$$tx = sc \times gx / gz$$

が成り立ちます。つまり、立体のX、Y、Z座標値とスクリーンまでの距離（*sc*）が決まっていれば、2次元平面上（画面上）でのX、Y座標値は必然的に計算できます。

この考え方を使って立方体を表したのがこの ***Sample 10-1*** です。

❶ 頂点クラスの宣言

立方体の各頂点を管理するクラス `Choten` を定義します（2～10行目）。ここでは、初期化で、3D空間内での座標値 `xx`、`yy`、`zz` が引き渡され（3行目）、それをX座標値（`this.x`）、Y座標値（`this.y`）、Z座標値（`this.z`）に保存します（4～6行目）。また、この点の投影変換後の座標値（`this.tx`、`this.ty`）をとりあえず0として初期化します（7、8行目）。

❷ 頂点変数の宣言

立体の頂点を管理する配列変数 `choten` を宣言します。

❸ 頂点の初期化

`setup` の中で、立方体の8個の頂点（`choten`）の空間内での位置を決めて初期化します（15～24行目）。頂点の番号と位置の関係は次の図のとおりです。まず、大きさ `henLength`（400）を宣言して（15行目）、それを使って順番に頂点を作ります（17～24行目）。ちなみに、Y軸は、画面上のY軸と同じ方向の**下向き**にしています。

頂点の位置関係

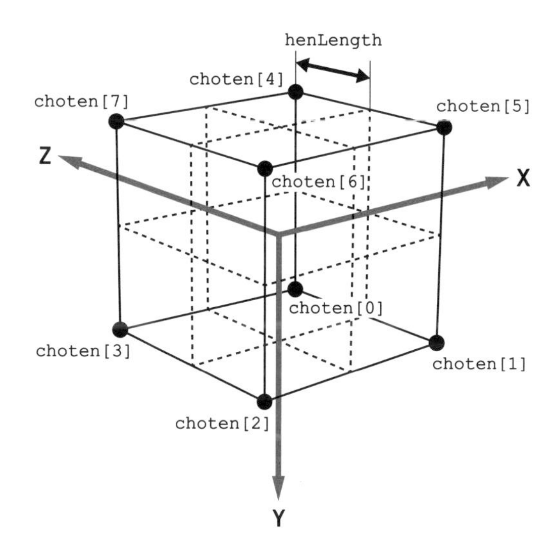

❹ 投影変換

8個の空間内の点を、上記の考え方で投影変換します（26～34行目）。
スクリーンまでの距離（sc）を2000にして（26行目）、for文で、頂点（choten）それぞれについて、目を基準とした座標値gx、gy、gzを計算します（27～34行目）。

ただし、次の図のように最初に定義した立方体は、原点(0, 0, 0)を基準としているので、このまま上述の投影変換をすると目も原点にあるのでうまくいきません。そこで、立体をX、Y座標値はそのままで、Z座標値だけ3000加算して**スクリーンの向こう側に移動**します（28～30行目）。

立体の移動

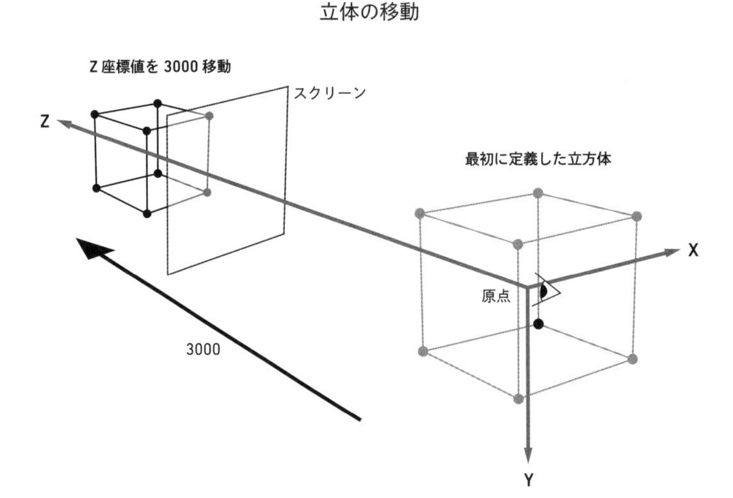

そして、choten内の投影変換用の座標値（choten[i].tx、choten[i].ty）に画面平面上での座標値を計算します（32、33行目）。

❺ 描画

立体データが投影変換によって画面内の座標値に計算されたので、その値でloop内で描画をおこなうと立体が表現されます。
画面全体を一旦消して（39行目）、次の図のように、頂点の番号と結ぶべき線の関係性からそれぞれをmoveToとlineToで描きます。

立体の描画

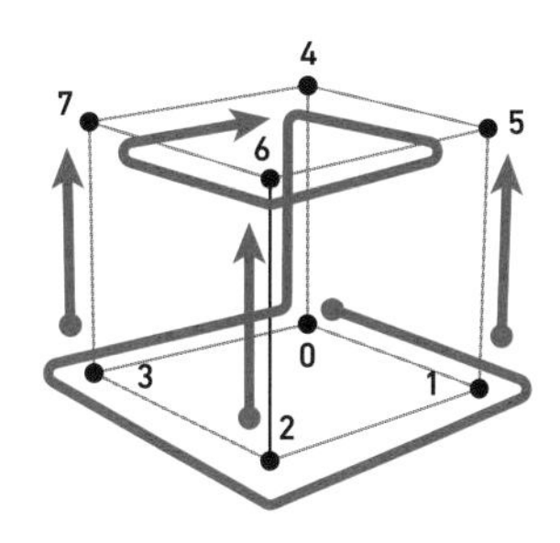

この座標値は原点(0, 0)を基準に考えているので、この座標値のまま描画すると画面の左上に描かれてしまいます。これまではそれを解消するためにX、Y座標値にscreenWidth/2、screenHeight/2を加算していますが、今回は別の方法でやってみましょう(41、42、67行目)。

ctx.save()と書くと、システムが現在の描画の座標系を内部に保存します(41行目)。そこからctx.translateを使って、描画の原点を移動します。

```
ctx.translate(screenWidth/2, screenHeight/2);
```

と書くと、左上だった原点が画面の中央に移動します(42行目)。つまり画面中央が(0, 0)になります。

原点を中央に移動

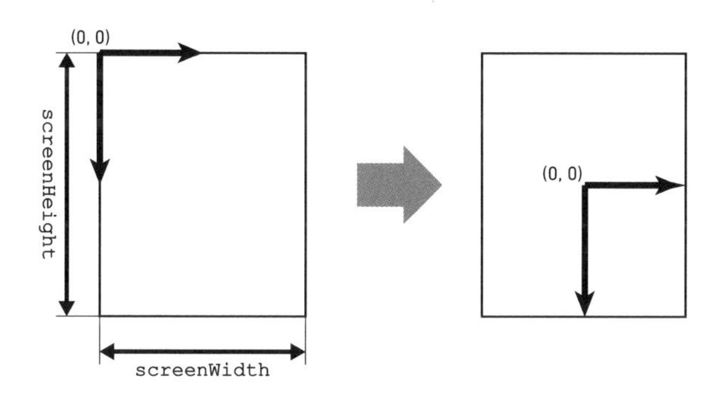

ctx.translate(screenWidth/2, screenHeight/2);

これで、その後のmoveToやlineToでそれぞれscreenWidth/2を加算して、ということが必要なくなります。この描画座標系の変換には他にもrotate（回転）やscale（拡大縮小）などがあります。描画後は、最後にctx.restore()を書いて、最初にctx.save()で保存した元々の座標系を復活しておきます（67行目）。このrestoreをしておかなくては、繰り返されるloopで、座標系がどんどんずれていくので、気をつけなくてはいけません。ctx.save()とctx.restore()は**ワンセット**と考えた方がいいでしょう。これで画面上に立体が表示されます。

この**スクリーンに投影**という考え方はいろいろな応用ができます。例えば、**スクリーンの向こう側に移動する**距離を長くすれば立方体が遠くに行くので、当然立方体が小さくなるので（30行目）、

```
let gz = choten[i].z + 3000;
```

の部分を

```
let gz = choten[i].z + 8000;
```

に書き換えると遠くなるので小さくなります。また、立方体を遠くするのと同時にスクリーンも遠くすると、**画角が狭くなる**つまり**望遠レンズで見た**状態になります。例えば（26、30行目）、

```
let sc = 2000;
…
let gz = choten[i].z + 3000;
```

の部分を

```
let sc = 7000;
…
let gz = choten[i].z + 8000;
```

というように書き換えると、見える範囲が狭くなります。反対に立体とスクリーン両方を近くすると**画角が広くなる**つまり**魚眼レンズで見た**状態になります。例えば上記の部分を、

```
let sc = 500;
…
let gz = choten[i].z + 1500;
```

というように書き換えると、見える範囲が広くなります。

10-2 クラスへの関数の組み込み

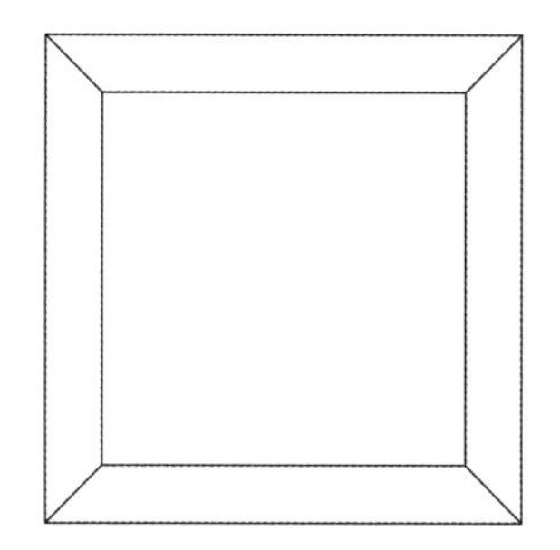

Sample 10-2

投影変換を Choten クラス内に組み込むとプログラミングの効率化が図られます。

// ソースコードの変更点 //

ch10_2

```
 1: class Choten{
 2:   constructor(xx, yy, zz){
  ⋮
 8: ❷ スクリーンまでの距離
 9:     this.sc = 2000;
10: ❸ 投影変換関数の呼び出し
11:     this.toei();
12:   }
13: ❶ 投影変換の関数
14:   toei(){
15:     let gx = this.x;
16:     let gy = this.y;
17:     let gz = this.z + 3000;
18:
```

```
19:      this.tx = this.sc*gx/gz;
20:      this.ty = this.sc*gy/gz;
21:    }
22:  }
```

実行時の見た目や、座標の計算方法などは前と変わりません。*Sample 10-1* では setup の中で、まず空間内の頂点を作って、その後にあらためて、値を参照しながら投影変換をおこないました。これでも間違いではないのですが、投影変換はそれぞれの頂点内の情報だけでできることです。そこで Choten クラス内に投影変換の**関数**を作り、処理をまとめます。効率化が図られ、ソースコードもすっきりとします。

❶ 投影変換の関数　❷ スクリーンまでの距離

前回は setup 内にあった**投影変換**の処理を Choten クラス内に関数 toei を作って移動します（14～21 行目）。数式や変数名はほとんど同じです。setup 内ではそれぞれの **choten[i] に**としていたところを**自身の**という意味の this に変更しています。

また、スクリーンまでの距離 sc も Choten クラス内の初期化（constructor）のときに宣言、定義しています（9 行目）。

❸ 投影変換関数の呼び出し

これで、Choten クラスの変数 choten[i] 内部に投影変換する関数（toei）ができたので、初期化（constructor）の際についでに投影変換もおこないます。

10-3 空間内で回転させる

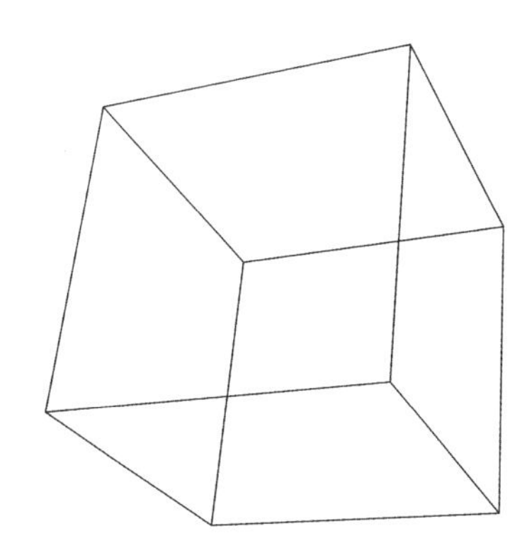

Sample 10-3　Motion sample ► https://furukatics.com/dm/s/ch10-3/

立方体を空間内で回転させます。

// ソースコードの変更点 //

ch 10_3

```
 1: class Choten{
  ⋮
22: ❶ 回転（一次変換）の関数
23:   kaiten(kx, ky, kz){
24: XZ 平面で回転
25:     let x0 = this.x*Math.cos(ky) - this.z*Math.sin(ky);
26:     let y0 = this.y;
27:     let z0 = this.x*Math.sin(ky) + this.z*Math.cos(ky);
28: YZ 平面で回転
29:     let x1 = x0;
30:     let y1 = y0*Math.cos(kx) - z0*Math.sin(kx);
31:     let z1 = y0*Math.sin(kx) + z0*Math.cos(kx);
32: XY 平面で回転
33:     this.x = x1*Math.cos(kz) - y1*Math.sin(kz);
```

```
34:     this.y = x1*Math.sin(kz) + y1*Math.cos(kz);
35:     this.z = z1;
36:
37:     this.toei();
38:   }
39: }
40:
41: let choten = new Array();
42: ❷回転角度の変数
43: let kakudoX = Math.PI*0.01;
44: let kakudoY = -Math.PI*0.02;
45: let kakudoZ = -Math.PI*0.03;
 ⋮
59: function loop(){  //常時実行される
60: ❸それぞれの頂点を空間内で回転
61:   for(let i=0; i<choten.length; ++i){
62:     choten[i].kaiten(kakudoX, kakudoY, kakudoZ);
63:   }
```


立方体は自動で回転します。回転には先の一次変換を活用します。

❶回転（一次変換）の関数

Choten クラスの中に自身の x、y、z の値を、原点を中心に回転する kaiten 関数を作ります。これには *Chapter 8* で学んだ**一次変換**を活用します。先の一次変換は XY 平面上での図のような関係性で任意の点 (x_1, y_1) を、原点 $(0, 0)$ を中心に任意の角度（k）回転させたときの座標 (x_2, y_2) を計算するものです。►Chapter 8-2 p.174

一次変換の活用

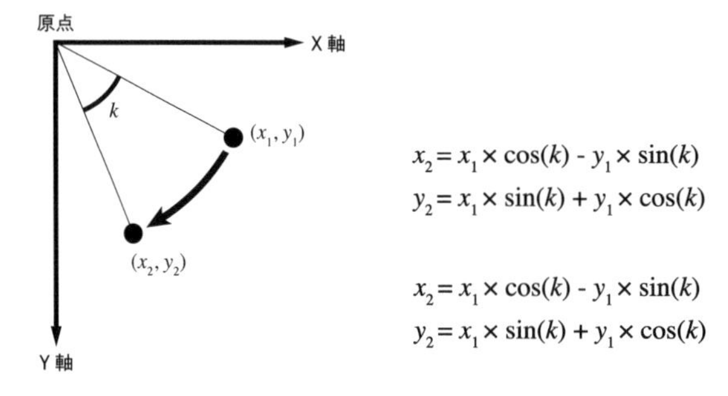

$$x_2 = x_1 \times \cos(k) - y_1 \times \sin(k)$$
$$y_2 = x_1 \times \sin(k) + y_1 \times \cos(k)$$

$$x_2 = x_1 \times \cos(k) - y_1 \times \sin(k)$$
$$y_2 = x_1 \times \sin(k) + y_1 \times \cos(k)$$

3次元空間内でもこの2次元での回転の考え方を引き継ぎます。つまり3次元空間で任意の点を3つの平面、XZ平面（Y軸回転）、YZ平面（X軸回転）、XY平面（Z軸回転）それぞれで順番に回転させます。

平面の回転

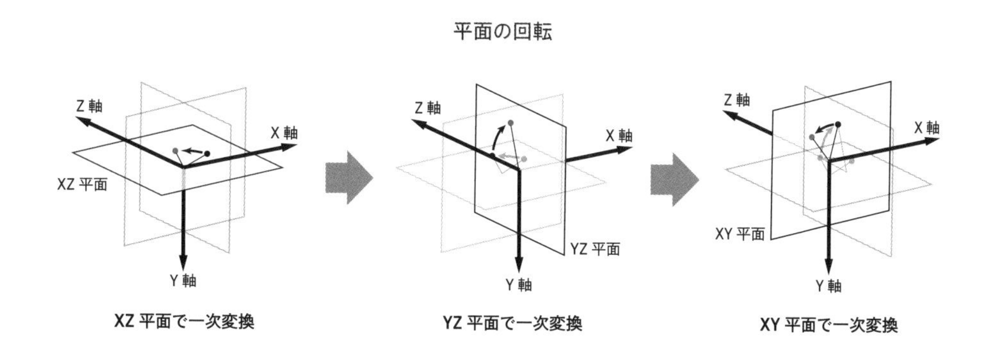

まず、回転の角度が引数kx、ky、kzとして渡され（23行目）、最初にXZ平面で角度kyで回転します（25～27行目）。Y座標値についてはそのままです。計算されたx0、y0、z0の座標値をもって次はYZ平面で角度kxで回転します（29～31行目）。同様にXY平面で角度kzで回転します（33～35行目）。最後はthis.x、this.y、this.zに直接計算結果を代入しています。これで空間内で回転が行われたので、最後に投影変換をします（37行目）。

❷ 回転角度の変数

自動で回転するので、X、Y、Z軸それぞれでの回転角度を変数kakudoX、kakudoY、kakudoZとして設定します。loopの中で常時回転するので非常に小さい値（kakudoXだとMath.PI*0.01ラジアン、つまり1.8度）です。

❸ それぞれの頂点を空間内で回転

loopの中で、それぞれの頂点に対して、kaiten関数を実行します（61～63行目）。回転角度（kakudoX、kakudoY、kakudoZ）をもとに全ての頂点が毎度、自動で回転してさらにkaiten関数の中で投影変換も同時に行われるので、描画のソースコードは、前と変わっていませんが、立方体が自動で回転します。また43～45行目のkakudoXやkakudoY、kakudoZの値をいろいろと変えてみると、自動の回転角度が変化します。

10-4 指で回転させる

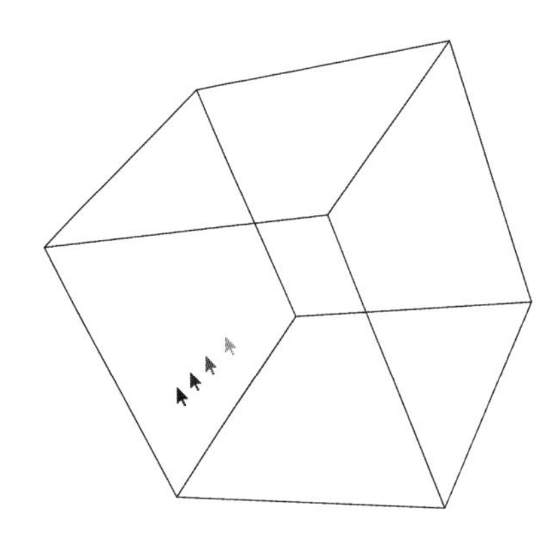

Sample 10-4　Motion sample ► https://furukatics.com/dm/s/ch10-4/

指でなぞって立方体を回転させましょう。

// ソースコードの変更点 //

ch 10_4

```
40:  let choten = new Array();
41:  ❶ 角度、指の位置の変数
42:  let kakudoX = 0;
43:  let kakudoY = 0;
44:  let kakudoZ = 0;
45:  let preYubiX;
46:  let preYubiY;
  ⋮
96:  function touchStart(){   //タッチ（マウスダウン）されたら
97:  ❷ 指の位置の保存と回転角度の計算
98:  指の位置の保存
99:    preYubiX = curYubiX;
100:   preYubiY = curYubiY;
```

Designing Math. 実践

```
101:  回転を止める
102:    kakudoX = 0;
103:    kakudoY = 0;
104:  }
105:
106:  function touchMove(){  //指が動いたら (マウスが動いたら)
107:    if(yubiTouched){
108:  回転角度の計算
109:      kakudoY = (curYubiX - preYubiX)*0.003;
110:      kakudoX = (curYubiY - preYubiY)*0.003;
111:  指の位置の保存
112:      preYubiX = curYubiX;
113:      preYubiY = curYubiY;
114:    }
115:  }
```


Sample 10-3 では、回転する角度（kakudoX、kakudoY、kakudoZ）が固定で、一定の方向に回転し続けていた立方体を、指の動きに応じて kakudoX、kakudoY、kakudoZ を変化させて、指でなぞった方向に回転させます。

❶ 角度、指の位置の変数

指の動きを**数値化**するには、指が動く度に**1回前の指の位置との差**を取ります。
そのために**1回前の指の位置**を保存しておく変数 preYubiX、preYubiY を宣言しておきます（45、46 行目）。

1回前の指の位置との差

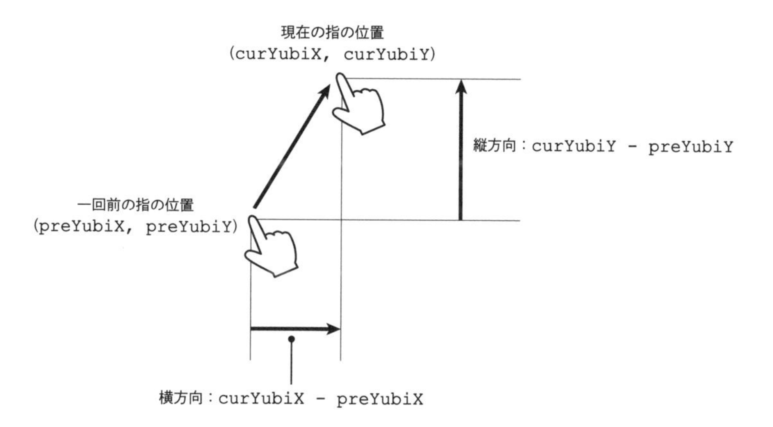

また、最初は立方体は回転していないので、kakudoX、kakudoY、kakudoZ の値を全部 0 にしておきます（42 ～ 44 行目）。

❷ 指の位置の保存と回転角度の計算

1 回前の指の位置との差を計算します。まず、タッチされた時に実行される関数の関係は次の図のようになっています。

関数の関係

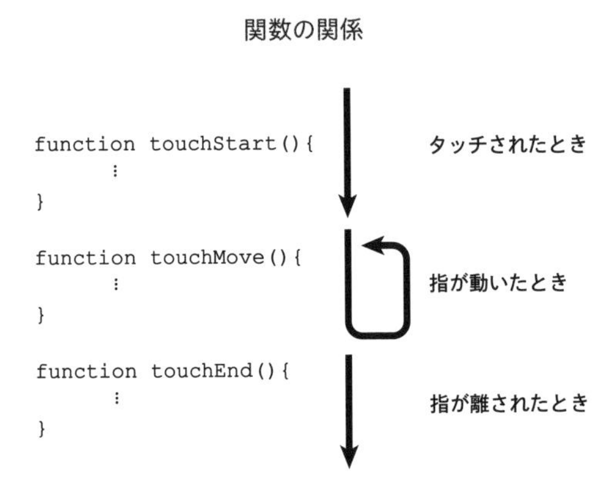

つまりタッチされた瞬間に touchStart が実行されて、指が動いている間は touchMove が繰り返されます。そして、最後に指が離された瞬間に touchEnd が実行されます。
1 回前の指の位置との差をとるのは指が動いている touchMove の中で計算します。そこで、まずタッチされた瞬間に実行される touchStart の中で preYubiX、preYubiY に指の位置を代入します（99、100 行目）。これで、次のタイミングで実行される touchMove では preYubiX、preYubiY が **1 回前の指の位置**になります。指が動く度に実行される touchMove では、まず指がタッチされていることを確認して（107 行目）、タッチされていたら **1 回前の指の位置との差**を**回転角度**にします。つまり例えば kakudoY であれば、

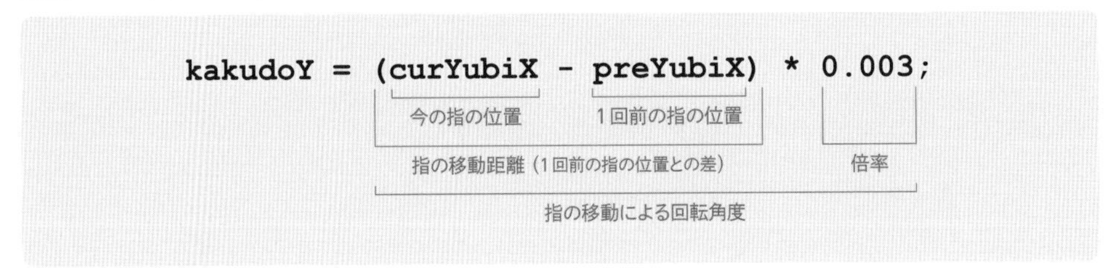

のように今の指の位置である curYubiX と一回前の指の位置である preYubiX の差（curYubiX - preYubiX）に適当な倍率（0.003）をかけて、回転角度 kakudoY にします。この倍率は、もし単純に今の位置と 1 回前の位置の差だけにすると例えばたった 1 ピクセル動いただけでも 1 ラジア

ン（約57度）回転してしまうので、適度に小さくするためのものです。
また、Y軸の回転（kakudoY）の計算をするのに（curYubiX - preYubiX）*0.003というようにX座標値を計算の要素にしていることに注意してください。これは図で表すと明快ですが、つまり、指が横方向（X軸方向）に動くということはすなわちY軸の回転を考えているということです。

立体の回転

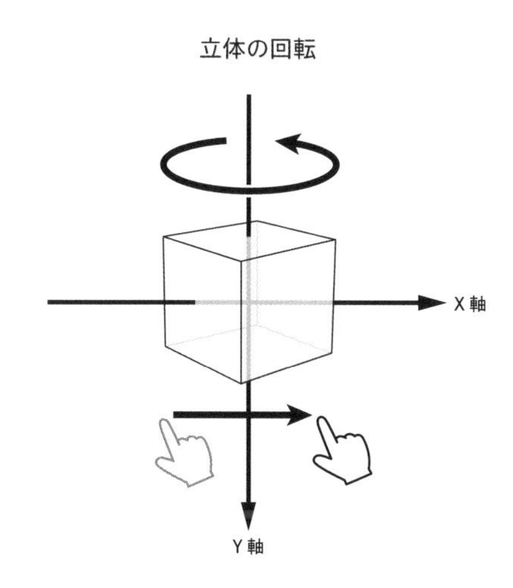

そして、**1回前の指の位置との差**が計算できたので、ここでまた、

```
preYubiX = curYubiX;
preYubiY = curYubiY;
```

として現在の指の位置を一回前の指の位置としてpreYubiX、preYubiYに保存します（112、113行目）。これで、再び指が動いてtouchMoveが実行されたときにこのpreYubiX、preYubiYが**1回前の指の位置**としてはたらきます。これで、立方体は指が動く方向に回転します。

最後に、1箇所解説をしていないところがあります。それはtouchStart内の

```
kakudoX = 0;
kakudoY = 0;
```

です（102、103行目）。これで**タッチした瞬間に動きを止めて**います。タッチした瞬間（touchStart）に回転角度（kakudoX、kakudoY）を0にするのですから当然止まります。もし、これを書かなければ、タッチした瞬間は止まりません。

10-5 空間内のベジェ曲線

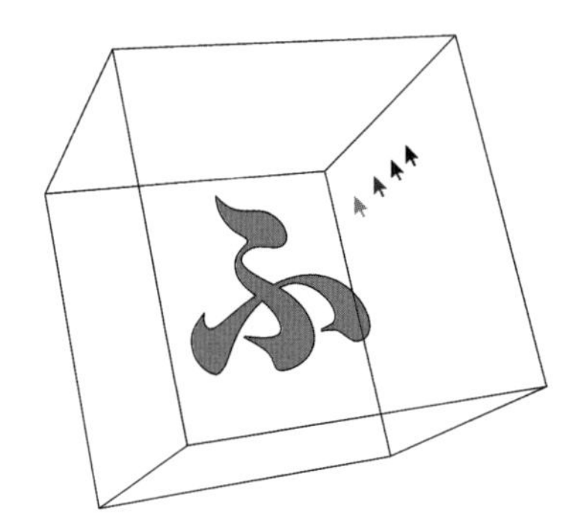

Sample 10-5 Motion sample ► https://furukatics.com/dm/s/ch10-5/

これまでに作ってきた頂点の仕組みを使った、**3次元空間内のベジェ曲線の描画方法**について考えます。

// ソースコードの変更点 //

ch 10_5

```
39: ❶ ベジェ曲線の節クラス
40: class BezierChoten{
41:   constructor(xx1, yy1, zz1, xx2, yy2, zz2, xx3, yy3, zz3){
42:     this.p1 = new Choten(xx1, yy1, zz1);
43:     this.p2 = new Choten(xx2, yy2, zz2);
44:     this.p3 = new Choten(xx3, yy3, zz3);
45:   }
46: }
47:
48: let choten = new Array();
49: let kakudoX = 0;
50: let kakudoY = 0;
```

```
51: let kakudoZ = 0;
52: let preYubiX;
53: let preYubiY;
54: ❷節の変数の宣言
55: let bezCt = new Array();
56: ❸節の座標情報
57: let bezCtLoc = [
58:   [57.0, 36.1, 0, 53.5, 41.8, 0, 47.0, 41.8, 0],
59:   [43.8, 41.8, 0, 42.6, 40.5, 0, 38.0, 35.9, 0],
 ⋮
94:   [47.8, -0.9, 0, 57.0, 19.3, 0, 57.0, 30.3, 0],
95:   [57.0, 36.1, 0, 53.5, 41.8, 0, 47.0, 41.8, 0]
96: ];
97:
98: function setup(){ //最初に実行される
 ⋮
108: ❹節の初期化
109:   for(let i=0; i<bezCtLoc.length; ++i){
110:     bezCt[i] = new BezierChoten(
111:       bezCtLoc[i][0]/100*henLength, bezCtLoc[i][1]
          /100*henLength, bezCtLoc[i][2]/100*henLength,
112:       bezCtLoc[i][3]/100*henLength, bezCtLoc[i][4]
          /100*henLength, bezCtLoc[i][5]/100*henLength,
113:       bezCtLoc[i][6]/100*henLength, bezCtLoc[i][7]
          /100*henLength, bezCtLoc[i][8]/100*henLength);
114:   }
115: }
116:
117: function loop(){   //常時実行される
118:   for(let i=0; i<choten.length; ++i){
119:     choten[i].kaiten(kakudoX, kakudoY, kakudoZ);
120:   }
121: ❺節の回転
122:   for(let i=0; i<bezCt.length; ++i){
123:     bezCt[i].p1.kaiten(kakudoX, kakudoY, kakudoZ);
124:     bezCt[i].p2.kaiten(kakudoX, kakudoY, kakudoZ);
125:     bezCt[i].p3.kaiten(kakudoX, kakudoY, kakudoZ);
126:   }
 ⋮
```

```
155:  ❻ 節の描画
156:    ctx.fillStyle = "rgba(255, 0, 0, 0.5)";
157:    ctx.strokeStyle = "black";
158:    ctx.beginPath();
159:    ctx.moveTo(bezCt[0].p3.tx, bezCt[0].p3.ty);
160:    for(let i=1; i<bezCt.length; ++i){
161:      ctx.bezierCurveTo(bezCt[i].p1.tx, bezCt[i].p1.ty,
                            bezCt[i].p2.tx, bezCt[i].p2.ty,
                            bezCt[i].p3.tx, bezCt[i].p3.ty);
162:    }
163:    ctx.fill();
164:    ctx.stroke();
165:
166:    ctx.restore();
167:  }
```


これまでに頂点（Choten）クラスを作って、3 次元空間内の点を管理して、その 3 次元空間内の点を結ぶことで立方体を表しました。
その方法を拡大して、複数の頂点（コントロールポイント）をまとめて管理して、空間内にベジェ曲線を描きます。

ベジェ曲線は 4 個のコントロールポイントで曲線を描き、それが連なって複雑な曲線を描きます。次の図のように、曲線の 4 個のコントロールポイントのうち、最初のコントロールポイント（p_3）は、前の曲線の最後のコントロールポイントと同じ点なのでベジェ曲線は p_1、p_2、p_3 の **3 個の点の節の連なり**と考えられます。

ベジェ曲線の連なり

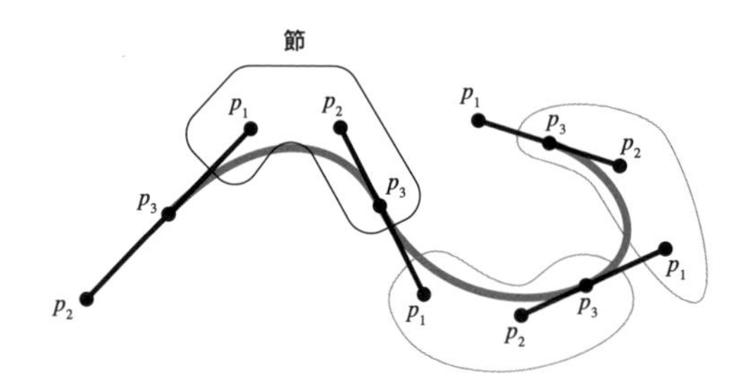

つまり、この 3 個の頂点を 1 つの**節**としたクラスを作ってベジェ曲線を効率的に管理し、描きます。

❶ ベジェ曲線の節クラス

それが今回新しく作ったBezierChotenというクラスです（40～46行目）。引数として渡された3個の座標値（xx1、yy1、zz1、xx2、yy2、zz2、xx3、yy3、zz3）を（41行目）、3個のChoten型のコントロールポイント（this.p1、this.p2、this.p3）として初期化します。これで3個の頂点を1つの節として管理します。

❷ 節の変数の宣言

そのBezierChoten型の節を配列変数をbezCtとして宣言、初期化します。bezCt[0]には1つ目の節情報、bezCt[1]には2つ目の節情報が入ります。

❸ 節の座標情報

その、節情報の座標値だけをまとめたものが配列変数bezCtLocです（57～96行目）。節を管理するbezCtを初期化するときにsetupの中で、

```
bezCt[0] = new BezierChoten(57.0, 36.1, 0, 53.5, 41.8, 0,
                            47.0, 41.8, 0);
bezCt[1] = new BezierChoten(43.8, 41.8, 0, 42.6, 40.5, 0,
                            38.0, 35.9, 0);
bezCt[2] = new BezierChoten(35.4, 33.1, 0, 33.1, 33.1, 0,
                            25.6, 33.0, 0);
```

のように一つひとつに対して直接座標値を入れて初期化してもいいのですが、これだと、例えば「一斉に倍率をかけたい」とか「位置をずらしたい」などがあったときに、この1行1行に対して、ソースコードを変更しなくてはいけません。そこで、数値の部分だけあらかじめこのように配列変数として宣言しておいて、setupの中でfor文を使って、効率的にBezierChotenを初期化しています（109～114行目）。bezCtLocは2次元配列（配列の中に配列がある）になっていて、最初の配列[57.0, 36.1, 0, 53.5, 41.8, 0, 47.0, 41.8, 0]は一節目の3個の頂点座標値、2つ目の配列[43.8, 41.8, 0, 42.6, 40.5, 0, 38.0, 35.9, 0]は二節目の3個の頂点座標値です。また、それぞれの数値は(0, 0)を中心として、幅、高さそれぞれ半径100を基準（-100～100）にしています。ちなみに今回は厚さがないグラフィックなので、Z座標値はすべて0です。

座標情報

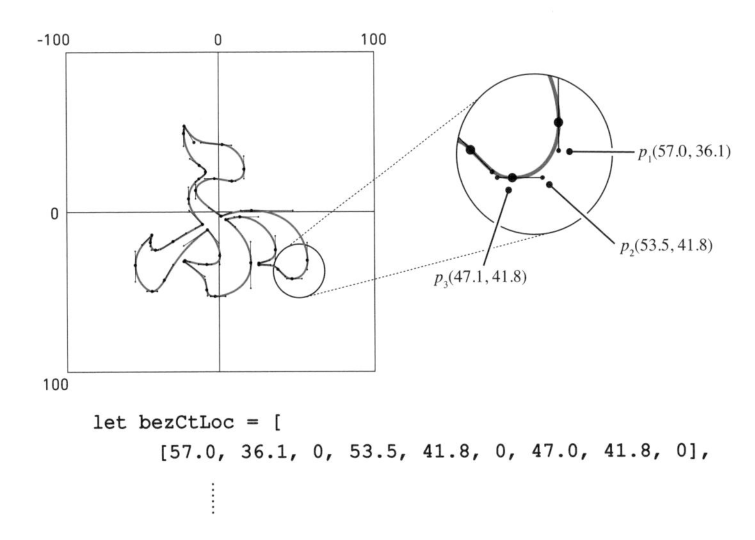

❹ 節の初期化

この値をもって先にも書いたように setup 内で倍率をかけながら立方体の大きさとバランスをとりながら初期化します。それぞれの座標値は -100 ～ 100 を基準にしているので、例えば最初の（111 行目）

```
bezCtLoc[i][0] / 100 * henLength
```

のように、一旦与えられた数値を 100 で割り、-1 ～ 1 の数値（割り合いの値）にしてから、それに立方体の半径である henLength をかけて、立方体とのバランスをとります。

初期化による大きさのバランス

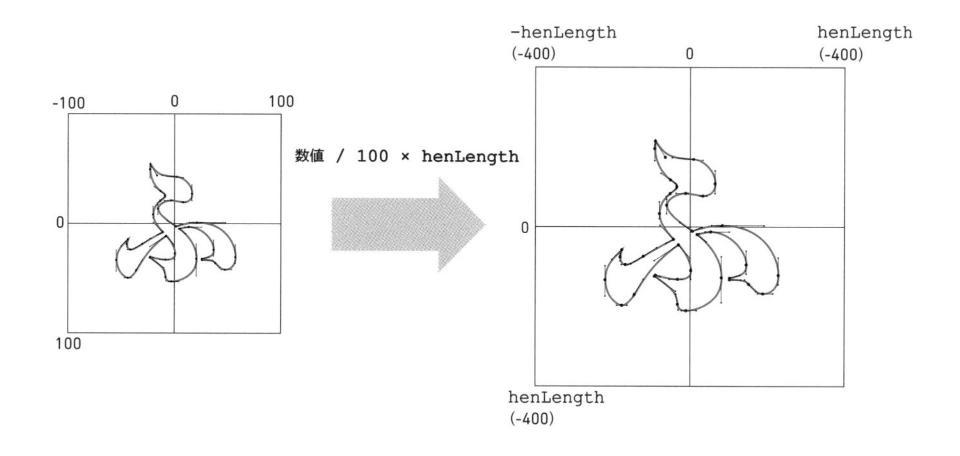

例えばbezCtLoc[0][0]、つまり節の最初の点のX座標値はbezCtLocの最初の57.0なので、これを計算すると

$$57 \div 100 \times 400 = 228$$

つまり、57.0（57%）という大きさは、半径400の立方体の中では228になります。

❺ 節の回転

これでベジェ曲線の値は初期化できたので、それらをこれまでの立方体と同じように回転、描画します。

まず回転です。回転は立方体と同じように、それぞれの頂点に対して、kaiten関数を施します（122～126行目）。つまり、BezierChoten型の配列変数bezCtには3個のコントロールポイント（p1、p2、p3）があるので、それぞれにkaiten関数を施します。これで、ベジェ曲線全体が立方体と同じように立体的に回転します。

❻ 節の描画

次に描画です。*Sample 10-3*のようにkaiten関数を施した段階で、投影変換も施されているので、それぞれの投影変換座標値（tx、ty）を使ってベジェ曲線を描きます（156～164行目）。

まず、塗りの色を赤の半透明にします（156行目）。なぜ半透明にするかというと、今回は**陰線処理（物体に重なった向こう側の物体は見えないようにする処理）**を施していないので、「ふ」と立方体の枠線が重なったときの描画がおかしくなるときがあるので、それを**ごまかす**ためにしています。試しにこれを

```
ctx.fillStyle = "rgb(255, 0, 0)";
```

のように不透明に塗りつぶすと、そのおかしさがよくわかるでしょう。そして、線の色を黒にして(157行目)、描画を始めます（158行目)。
まず、ベジェ曲線の１つ目の点（bezCt[0].p3.tx, bezCt[0].p3.ty）までペンを動かして（159行目)、次の点（for(let i=1;……のようにiが0ではなく２個目の点から始まっていることに注意）から順番にベジェ曲線を描いています（160～162行目)。最後に塗りつぶして、線を描いています（163、164行目)。

ONE POINT

回転の順番

3次元空間内で任意の点を原点を中心に回転するとき、本書ではXZ平面→YZ平面→XY平面の順番で回転させています。実はこの順序は重要で、この順序が異なると移動先の結果も異なります。
そこで、プログラミングを組む人は意識的にどの順番で回転するかを決めなくてはいけません。本書では、人間が空間内で視線を変えるときの順番に則っています。人間は視線を変えるときにまず周りを見回して（Y軸回転)、次に見上げて（X軸回転)、最後に顔の角度を回転させます（Z軸回転)。本書ではこの順番にしました。
XZ平面で回転するということはつまりY軸という縦軸で回転します（周りを見回す)。そしてYZ平面で回転するということはX軸という横軸が回転します（見上げる)。最後に視線の軸であるZ軸（XY平面）を回転させます（顔の角度を回転)。この順番です。

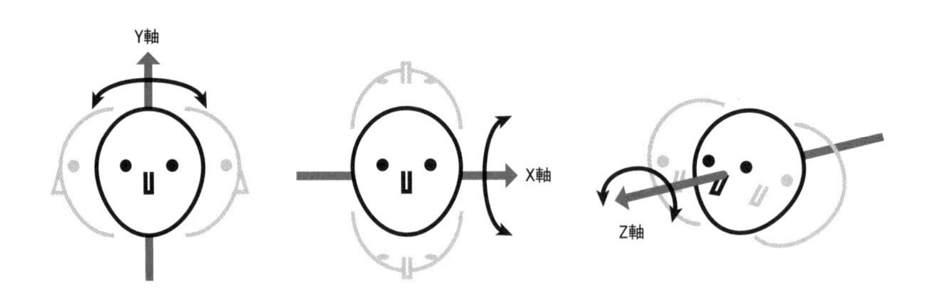

10-6 空間内のベジェ曲線の効率化

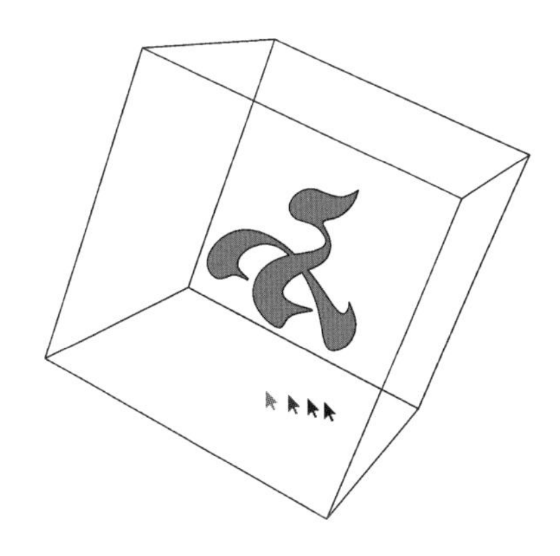

Sample 10-6 Motion sample ► https://furukatics.com/dm/s/ch10-6/

回転関数 kaiten をベジェ曲線を扱う BezierChoten にも実装しましょう。

// ソースコードの変更点 //

ch 10_6

```
40:  class BezierChoten{
 ⋮
46:  ❶ 節の回転の関数
47:    kaiten(kx, ky, kz){
48:      this.p1.kaiten(kx, ky, kz);
49:      this.p2.kaiten(kx, ky, kz);
50:      this.p3.kaiten(kx, ky, kz);
51:    }
52:  }
 ⋮
123: function loop(){   //常時実行される
 ⋮
127: ❷ 節の回転
128:   for(let i=0; i<bezCt.length; ++i){
```

```
129:      bezCt[i].kaiten(kakudoX, kakudoY, kakudoZ);
130:    }
131:
132:    ctx.clearRect(0, 0, screenWidth, screenHeight);
```

これは、見た目には何も変わりません。先の ***Sample 10-5*** ではベジェ曲線のそれぞれのコントロールポイント（p_1、p_2、p_3）の回転を、

```
for(let i=0; i<bezCt.length; ++i){
  bezCt[i].p1.kaiten(kakudoX, kakudoY, kakudoZ);
  bezCt[i].p2.kaiten(kakudoX, kakudoY, kakudoZ);
  bezCt[i].p3.kaiten(kakudoX, kakudoY, kakudoZ);
}
```

のように一つひとつ、処理しました。パッケージ化されたBezierChoten内のそれぞれの点を外部から操作するこの方法はあまり効率的ではありません。そこで、BezierChoten内に自身のコントロールポイント全部を一括して回転させる関数kaitenを作ります（47～51行目）。

❶ 節の回転の関数

作り方はこれまでと同様で、BezierChotenクラス内に、回転角度（kx、ky、kz）を引数としたkaitenという関数を作り（47行目）、その関数内では渡された引数をそのまま、自身内のコントロールポイント（頂点）のkaitenに渡します（48～50行目）。いわゆる橋渡し的な感じです。

❷ 節の回転

これで、loop内からはベジェ曲線のそれぞれの節に対してkaiten関数を施す、という書き方になり、ソースコードが単純化されます（128～130行目）。

Appendix

JavaScriptの構文

変数

JavaScriptには変数の機能があります。変数とは**データを保存しておく入れ物**です。

```
let hankei = 100;
```

と書くと、「hankei」という名前のデータ保存用の入れ物ができて、そこに100を入れます。letが**変数を宣言する**という命令で、その後に変数名を記述します。変数名は**数字から始まらないUnicode文字（_と$を含める）**です。したがって「1hankei」のような数字から始まる変数名は使えません。また「半径」のような全角文字もUnicodeには含まれるので使用は可能ですが、あまり一般的ではありません。さらに大文字と小文字は**違う文字**として判断されます。
また、変数にはいろいろな**型**があります。上記は**数値型**ですが、これ以外に**文字列型**、**Boolean型**などがあります。文字列型は

```
let namae = "Masahiko";
```

のように、内容を" "で括って定義します。また、文字列型変数は+（プラス）を使ってつなげることが可能です。

```
let namae = "Masahiko";
let myoji = "Furukata";
let shimei = namae+myoji;
```

と書くと、shimeiには"MasahikoFurukata"が入ります。
Boolean型はtrue（真）かfalse（偽）が入ります。これは数値や文字といった値ではなく、**真**か**偽**という独自の値が入ります。

```
let kuro = true;
```

のように書きます。
また、DesigningMath-Baseには、screenWidthやcurYubiXのようにあらかじめシステム内で宣言された変数があります。それらの変数名については「DesiginingMath-Base独自の変数」のOne Pointを参照してください。► **One Point—DesigningMath-Base独自の変数 p.019**

配列変数

変数には**1つ**のデータが入れられるタイプと、**複数**のデータが入れられる**配列変数**というタイプがあります。
配列変数は簡単にいうと**管理番号付きの変数**です。例えば、

```
let hankei = [32, 43, 52, 68];
```

のように宣言すると複数のデータが入れられるhankeiという変数ができて、hankei[0]の値が32、hankei[1]の値が43になります。つまり宣言されたhankeiの後ろに[]の番号付きの変数ができ、そのhankei[0]やhankei[1]の中にデータが入ります。ちなみに最初の番号は0です。1ではありません。配列変数を使うと、同じ名前で何番目のデータという扱い方ができるようになります。

let hankei = 100;

100

hankei

hankeiという1つのデータを入れる「箱」ができる

let hankei = [32, 43, 52, 68];

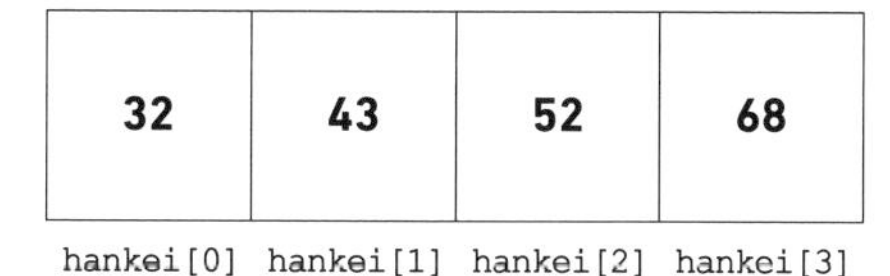

hankei[○]で管理できる
複数個の「箱」ができる(※○は番号)

また、

```
let hankei = new Array();
```

と書くと、hankeiという名前で、データは入っていない配列変数ができます。このように宣言して後から

```
hankei[0] = 32;
```

のように記述します。

また、配列変数は二次元や三次元といった複数次元を作ることができます。

```
let hankei = [[32, 43, 52, 68], [18, 24, 40, 72]];
```

と書くと、二次元の配列ができます。**配列の中に配列がある**という感じでしょうか。この場合、例えば、hankei[0][0] が 32 で、hankei[1][2] は 40 です。

```
               [0][0] [0][1] [0][2] [0][3]   [1][0] [1][1] [1][2] [1][3]
let hankei = [[32,    43,    52,    68],     [18,   24,    40,    72]];
              └─────── hankei[0] ──────┘     └────── hankei[1] ──────┘
```

グローバル変数、ローカル変数

変数を宣言する場所によって、変数の扱い方が異なってきます。DesigningMath-Base にはあらかじめ setup や loop などの関数が用意されていますが、その中で例えば setup 内で

```
let hankei = 100;
```

と書くと、この hankei は setup 内でしか使えません。例えばこれに続いて loop 内で

```
hankei = 200;
```

のように書いても、エラーが出てしまいます。このようにとある関数内で宣言されて、その関数内でしか使えない変数を**ローカル変数**といいます。これに対して、関数の外側で宣言した変数は、どの関数内でも参照や変更ができるようになります。これを**グローバル変数**といいます。

JavaScriptにおける計算方法

JavaScriptでは、他のプログラミング同様に数式を使った計算が行えます。
+（たし算）や－（引き算）はそのままの記号を使い、×（かけ算）は「*」、÷（割り算）は「/」を使います。また、一般の数式と同様に、カッコ（　）を使うとその内部の計算が優先的に行われます。
また下記のように、変数を混ぜた計算も行えます。

```
let hankei = 300;
let hankei2 = hankei / 2;
```

変数の値を変化させるには、

```
let hankei = 100;
hankei = hankei + 10;
```

と書くと、2行目では最初のhankeiの値（100）に10加算した値（110）を新しいhankeiの値にするということになります。これは

```
let hankei = 100;
hankei += 10;
```

と省略して書くこともできます。つまり「+=」は今の値に指定の値を加算します。「-=」は引いて、「*=」はかけて、「/=」は割ります。
1を加算する場合にはこれ以外に++hankeiもしくはhankei++という書き方があります。

```
let hankei = 100;
hankei += 1;
```

は

```
let hankei = 100;
++hankei;
```

と書いてもhankeiは同じ101になります。--hankeiやhankei--は1を引きます。

関数

JavaScriptには**関数**の機能があります。関数とは**処理をひとまとめにして名前をつけたもの**です。ひとまとめにした処理は別の場所からその名前で呼び出します。例えば、

```
function twoCircle(cx, cy, hankei1, hankei2){
  ctx.beginPath();
  ctx.arc(cx, cy, hankei1, 0, Math.PI*2, true);
  ctx.stroke();
  ctx.beginPath();
  ctx.arc(cx, cy, hankei2, 0, Math.PI*2, true);
  ctx.stroke();
}
```

と書いて、別の場所（例えばsetupやloop内）で、

```
twoCircle(300, 400, 50, 100);
```

と書くと、(300, 400)を中心とした半径50と半径100の2つの円が一気に描かれます。この関数名twoCircleの後に引き続いて渡される(300, 400, 50, 100)の値を**引数**（ひきすう）と言います。
引数には数値や変数が使えます。呼び出される方では、その引数を順番通りの変数で受け取ります。上記の場合だとcxに300が、cyに400が入って受け取ります。その値を持って{ }内の処理をします。
引数には配列変数を指定することも可能です。例えば、

```
function colorRect(col){
  ctx.fillStyle = "rgb("+col[0]+","+col[1]+","+col[2]+")";
  ctx.beginPath();
  ctx.rect(100, 100, 200, 200);
  ctx.fill();
}
```

と書いて、別の場所で、

```
colorRect([30, 200, 60]);
```

と書くと、赤成分が30、青成分が200、緑成分が60の四角形が塗られます。引数に配列変数 [30, 200, 60] が引き渡され、colorRect内ではそれをcolという配列変数で受け取るので、col[0]には30、col[1]には200、col[2]には60が入っているので、その値で塗り色のRGB値を決定して四角形を塗っています。
また、関数は処理の結果を返すこともできます。

```
function tashizan(a, b){
  let c = a + b;
  return c;
}
```

と書いて、別の場所で、

```
let kekka = tashizan(100, 300);
```

と書くと、kekkaには100と300を足した400が入ります。returnは次に書かれている**値を返し**ます。このreturnの値にも配列変数を使うことができて、配列変数を使うと複数の値を返すことが可能になります。

DesigningMath-Baseの「example.js」内に実装されているsetup、loop、touchStart、touchMove、touchEndなども実は、その元になっているJavaScriptファイル「js/designingmath.js」内から呼び出されている関数です。「designingmath.js」内で、ウェブページ（index.html）が立ち上がった時点でsetup関数を呼び出し、一定時間で永遠に繰り返す構造を作ってそこからloop関数を呼び出し、タッチされたとき、指が動いたとき、指が離されたときにtouchStart関数、touchMove関数、touchEnd関数を呼び出しています。

if 文

JavaScriptは条件分岐と呼ばれる構造を持っています。その1つにif文があります。例えばloop内に、

```
if(curYubiX < 400){              //指の横位置が400未満だったら
  ctx.fillText("左", curYubiX, curYubiY);
}else if(curYubiX < 800){        //400～800だったら
  ctx.fillText("中", curYubiX, curYubiY);
}else{                           //それ以外だったら
  ctx.fillText("右", curYubiX, curYubiY);
}
```

と書くと、指の横の位置（curYubiX）が400より小さければ**左**、そうじゃない（400以上）中で800より小さければ（つまり400～800だったら）**中**、そうじゃなければ（800以上だったら）**右**という文字が指の位置に描かれます。if文は続く（ ）内の条件に合致すれば続く｛ ｝内を実行します。条件には、<（未満）、>（より上）、<=（以下）、>=（以上）、==（同じ）、!=（異なる）、&&（かつ）、||（または）などを使います。
条件に合致しなければさらにelse ifで条件を重ね、合致すれば以降の｛ ｝内を実行し、どの条件にもあてはまらなかったものがelse以降の｛ ｝内を実行します。このelseやelse ifは省略可能です。また、｛ ｝内の命令が1つだけのときは｛ ｝を省略することも可能です（まさに上記の例です）が、バグの原因（後から行を追加したときに｛ ｝をつけ忘れる）にもなるので1つだけのときも｛ ｝をつけておくことをおすすめします。

for 文

JavaScriptはループ（繰り返し）と呼ばれる構造を持っています。その1つにfor文があります。例えばsetup内に、

```
for(let x=0; x<1000; x+=20){
  ctx.beginPath();
  ctx.moveTo(x, 300);
  ctx.lineTo(x, 500);
  ctx.stroke();
}
```

と書くと、高さが200（300～500）の直線が20の間隔で0～1000の間に並びます。

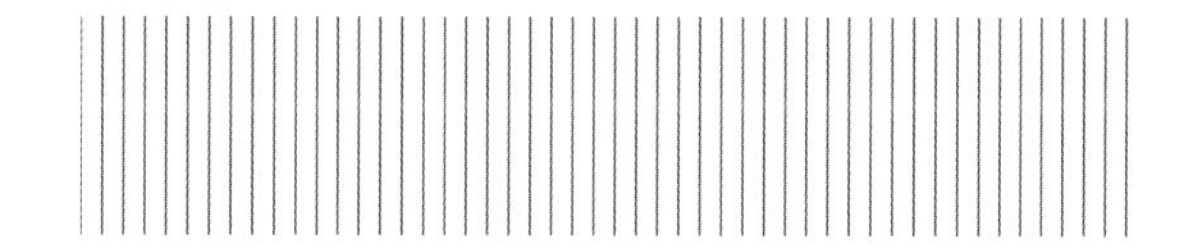

forに続く（ ）の中には3個の条件と命令を書きます。最初の部分（let x=0;）に**ループが始まる前の命令**、2個目（x<1000;）に**ループするための条件**、最後の部分（x+=20）に**繰り返すごとに実行する命令**を書きます。上記の例では、

- **ループが始まる前に変数xを0にして**
- **xが1000より小さい間は{ }内を繰り返す**
- **ただし繰り返すごとにxを20増やして**

ループ内部では

- **(x, 300)から(x, 500)に線を引く**

ので、結果として、高さが200（300～500）の直線が20の間隔で0～1000の間に並びます。

古堅 真彦 Masahiko Furukata

コンピュータとデザインの関係について研究している。
最近は「アルゴリズミックな思考」が主な研究テーマ。
美術系の学校で「アルゴリズミックなデザイン」や「プログラミングを使ったデザイン」をテーマに演習や講義、共同研究をおこなったり、研究成果をアプリケーションソフトウェアに落とし込み、世の中に頒布したりしている。

独立行政法人情報処理推進機構（IPA）より2004年度下期「天才プログラマー／スーパークリエータ」に認定
／武蔵野美術大学視覚伝達デザイン学科教授

デザイニング・マス
Designing Math.
数学とデザインをむすぶプログラミング入門

2022年1月15日　初版第1刷発行

著　者　古堅真彦

発行人　上原哲郎
発行所　株式会社ビー・エヌ・エヌ
〒150-0022　東京都渋谷区恵比寿南一丁目20番6号
E-mail: info@bnn.co.jp　Fax: 03-5725-1511
http://www.bnn.co.jp

印刷・製本　シナノ印刷株式会社

デザイン　松川祐子
カバーイラスト　チョーヒカル

編　集　河野和史

ISBN978-4-8025-1219-0
Printed in Japan